全国高等院校创新实践课程「十三五」规划精品教材

风暴

——创新思维与设计竞赛表达（二）

INNOVATIVE MINDSET AND DESIGN COMPETITION EXPRESSION

参编　甘伟　刘啸

主编　白舸

华中科技大学出版社
http://www.hustp.com

中国·武汉

白舸

华中科技大学建筑与城市规划学院设计学系主任,副教授。
主要研究方向为室内设计、环境艺术设计。
代表作品:山东菏泽牡丹大酒店室内设计、昆明"99"世
界园艺博览会人与自然馆室内及外环境设计、黄河花园口
扒口记事广场设计、武汉市科创大厦室内设计、武汉市鲁
湖国际垂钓度假酒店室内设计、武汉联投大厦室内设计、
武汉联投广场室内设计、衡阳耒水以北湘江风光带设计、
郑州市中原新区须水河景观设计。

设计感悟:室内设计是将功能、空间形体、工程技术和艺
术的相互依存和紧密结合的工作,给予处在室内环境中的
人以舒适感和安全感,创造具有视觉限定的人工环境,以
满足人们生理和精神上的要求。

前言 //PREFACE

创新实践系列课程是我校近年来开设的一门针对思维创新、设计创新的课程，是适应社会需求，促进人才培养的重要举措。其中室内设计作为课程核心板块，主要让同学们通过创新思维训练，摆脱传统形式化、图面化的思维定式，是从室内设计理论出发，以设计竞赛为契机，在一系列创新思维方式的引导下展开的课程。

本书基于笔者从事室内设计教学与室内装饰工程实践二十多年的经验与教学成果，同时结合创新实践课程要求，希望引导当下大学生室内设计竞赛的创新思维，帮助学生建立竞赛思维体系，激发同学们对设计竞赛的兴趣。

近年来，笔者经常受邀担任各类室内设计竞赛的评委专家，在大量的图纸案例中，惊叹于参赛者绚丽的图纸表达方式，却常常感受不到设计初衷的创新思考，几乎都是千篇一律的设计流程和相差无几的效果图表达方式，对界面、材料、尺度以及针对性人群缺乏深度认识，室内设计基础知识非常的匮乏。斟酌再三，以及通过与课题组师生们的交流，希望出版一本从思维引导到室内设计知识的讲解，从设计竞赛技巧的展开到各类室内竞赛案例分析的教材，以期能够让同学们全方位认识和了解室内设计竞赛的相关知识。

本书主要分为四部分内容：首先，概括介绍创新思维技法以及思维的培养；其次，展开介绍室内设计基础知识，以及日常生活中对设计知识的积累和对前沿信息的关注；再次，重点介绍竞赛流程具体的各个环节，包括原始概念如何表达，分析图如何展示，效果图如何针对性表达以及文字和版式风格的统一等；最后，通过指导学生竞赛的案例，着重介绍几类典型的室内空间案例，包括酒店室内空间、居住室内空间、商业室内空间、主题餐厅室内空间以及近年来广受关注的儿童空间等。

白舸

2018 年 6 月于喻园

物语 //

刘啸
硕士研究生一年级

我在竞赛这个过程中学到的不仅仅是如何参与竞赛，更多的是如何去掌握管理一项比较大的任务或者说一个项目。参与一个竞赛就像是管理一个团队，这个团队的成员不仅仅是人，还有思维、图纸。划分时间，列计划表，列工作清单，分配任务，整理文件，安抚各方面情绪，赶上时间节点，确保不出一丝差错，一切似乎都浓缩在设计竞赛当中了。所以我觉得，大家不要光从设计的角度看比赛，更深层的是你怎么管理、运行、推动、落实，这其中的思维方式才是至关重要的。

文玉丰
硕士研究生一年级

我将竞赛的过程视作思想的碰撞与呈现的过程。每一次竞赛讨论，都是一场头脑风暴。竞赛从另一个方面来说，是寻找解决问题的新角度、新思路的过程。而怎样找到这个思路，则需要竞赛作者或者小组成员头脑风暴。这种思考立足于足够的专业知识积累之上，更立足于对前沿理论的吸收、对前沿技术的探寻、对社会热点的关注以及对日常生活的观察。能够成为竞赛创意的"点子"无处不在，怎样在繁多复杂的信息风暴当中抓住一闪而过的灵光，是竞赛最有挑战性的也最有趣的部分之一。

唐慧
硕士研究生一年级

在我看来，每一次的设计竞赛都像是一场风暴旅行。因为旅行中最难忘的是沿途的风景，而设计竞赛中让我感受最深的是设计过程——风暴式的设计过程。风暴给人的印象总是变幻莫测、声势浩大的，就如同竞赛前期的天马行空、脑洞大开。而随着风暴的推进，我们逐渐发现它的变化规律、路径线索，在设计中寻找主线、抓住亮点便是这一过程的体现。如何从千头万绪中跳出来是整个竞赛的重点，而学会从千头万绪中跳出来则是竞赛过程中的一场旅行。

华紫伊
硕士研究生一年级

我把参与竞赛的过程当成是一个打游戏的过程，从开始的游戏类型的选择，到在"游戏"中的打怪升级，到最后的通关，这一系列的体验跟竞赛是一样的。参与竞赛是在课程之余一个很有趣的体验，相对于课程设计，竞赛更能体现出作者思维的广度和图纸表达的能力，竞赛可做得天马行空，也可关注于解决身边的小问题，最终将想法落实到图纸上是很关键的部分，"叙事性"的图纸要将完整的设计理念表达出来。

张欣钰
硕士研究生一年级

在我看来，竞赛对于我们设计专业学生的设计能力、实践能力、团队精神以及体力是一个极大挑战。同时，由于其主题明确，周期较短，可以帮助自己在短时间内进步提升。我的设计心得主要包含两方面。一方面，在平时需要多积累，针对感兴趣的设计主题，多看多收集好的作品，挖掘好设计中的共性优点，并加以学习吸纳。另一方面，好的创意和想法来源于思维的碰撞，在开展竞赛设计的过程中不可闭门造车，一定要与团队成员及指导老师多多交流沟通，完善并拓展自己的设计思维。

张钰
大学四年级

　　每一个竞赛背后都是一段很长的心路历程，从最初的资料、头脑风暴到集中讨论，哪怕是微小灵感都会激发创作的热情，当然也会在设计进行到一半因突然有更好的想法而全部推翻之前的成果，这是个适合充满冒险精神者的乐园，也是释放天性的空间。

苏佳璐
大学三年级

　　很久之前就开始思考设计的定义，以及审视自己的状态。在信息的洪流中，创意可以借鉴，思维可以复制，而自己的东西越来越少，深知这种趋势是不对的，因为人处于一个浮躁的状态里面是自我缺失的。可以把一次设计比作风暴，一个温和理智但是有火热激情的东西。正负两股气流的冲撞，才是思考的意义，矛盾的冲突，才让人产生想去解决矛盾的勇气，这大概就是风暴的美丽之处吧。

窦逗
大学三年级

　　木心曾说："人是导管，快乐流过，悲哀流过，导管只是导管。"竞赛对我来说就像是流过导管的血液，为我提供能量和营养。从开始的分析讨论，到后期的制图与一遍遍修改，每一个队友都是制造血液的氧气。我们相互支持、相互汲取知识，我们正在从中不停地成长，朝着共同的方向努力。竞赛让我更加亲密地接触到真正的设计，并可以进行不受约束的头脑风暴，也明白设计应该考虑现实条件的约束，以人为本。我们争分夺秒地为这最后的荣光转动，这样的思维与节奏才让我感受到设计团队背后的力量。

王清颖
大学三年级

　　创新思维在室内设计竞赛中的运用，对于提升室内艺术设计的新颖度、逻辑性和创造力有着极大的促进作用，同时也能集思广益，从而提升整个团队的设计效率。另外，创新思维也大大提高了设计者的思维品质和对美的追求，激发每一个人的无限潜能。

杨锦忆
大学三年级

　　我认为竞赛中的头脑风暴过程，像是毛姆笔下对于月亮与六便士的抉择过程。竞赛从头脑风暴、实施，到推翻的过程，会经过一次次从主观到客观的视角切换，提概念时是带有主观性的感性风暴，同时也会要不断去角色化，站在更理性的视角，去反复审视和推敲方案中的逻辑。

风暴——创新思维与
设计竞赛表达（二）

STORM——INNOVATIVE MINDSET AND
DESIGN COMPETITION EXPRESSION

——创新实践课是近年来
设计学本科培养计划中的新增核
心课程，是适应社会发展需求、
促进创新人才培养的重要教学举
措。

目录 // DIRECTORY

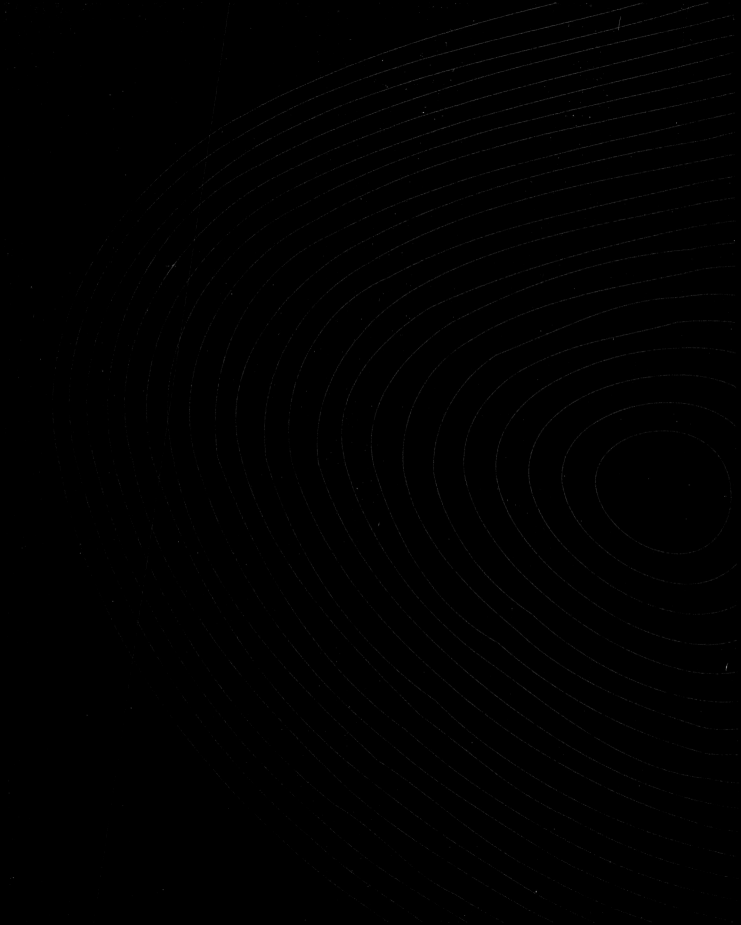

第一章　创新思维培养与训练

1.1 创新思维与技法训练

创新思维是指以新颖独创的方法解决问题的思维过程，通过这种思维能突破常规思维的界限，以超常规甚至反常规的方法去思考问题，提出与众不同的解决方案，从而产生新颖的、独到的、有社会意义的思维成果[1]。

人们在生活中遇到各种问题和困难时，利用现有知识和经验将脑海中的各种信息在新的启发下重新进行综合分析处理，并对问题提出解决方案，这种思维方式就是与常规思维不同的创新思维。心理学家通过实验的结果分析认为，影响创新思维的主要因素有三个：天赋；后天生活与实践；科学的思维训练。本章不谈天赋与生活实践，主要针对科学的思维训练方法、特征及其在设计前期思考中的运用进行阐述，关于创新思维的研究众多，大部分研究是人们长期实践过程中的归纳和总结，但由于思维的复杂性和多维性，难以明确将创新思维以类别划分。笔者将较为多见的创新思维训练分为五类：激智类思维创新技法训练，形象类思维创新技法训练，目标驱动类思维创新技法训练，立体思维创新激发训练，灵智类思维创新技法训练。

1.1.1 激智类思维创新技法训练

1. 头脑风暴法

头脑风暴法即一组人员运用开会的方式，将所有与会人员对某一问题的主意聚积起来以解决问题。头脑风暴法主要是以集思广益的方式，在一定时间内采用极迅速的联系作用，产生大量的主意。这一方法通常以会议的形式展开。会议主持人明确会议的中心问题，议题以简单为好，复杂问题要化为多个单一议题分别讨论。会议人数以 5～15 人为宜，人选应以该问题领域的专业人士占多数，但也有少数知识广博的非专业人士。会议规则是自由发言，禁止权威评判，互相启发，提出的意见越多越好。与会者思维发散，畅述各种新奇设想；会议时间一般不超过 1 小时。会后对会上的各种设想进行整理评价；评价人员一般以 5 人左右为宜，评价指标包括科技、生产、市场、社会等因素。对评出的最优设想付诸实践，但这一过程还必须遵循四条基本规则：①不做任何有关缺点的评价；②欢迎各种离奇的假想；③追求设想的数量；④鼓励巧妙地利用并改善他人的设想。同时，该方法的优点是直接传递信息，相互激励的强度大，形成创新环境气氛，利于出现创新设想；缺点则是会议易受外向型性格的人员控制，内向型性格的人员不易发挥，因此主持人应适当加以引导。头脑风暴法是在设计竞赛中普遍采用的引导小组思考和讨论的方法，它可以鼓舞小组成员的积极性和参与感，让每个组员都开动脑筋，发挥自己独特的创新思维。

---

[1] 姚本先. 大学生心理健康教育 [M]. 合肥：北京师范大学出版集团安徽大学出版社，2012.

2. 635 法

635 法指的是 6 个人在 5 分钟内写出 3 个设想，然后按照顺序（如从左往右）传递给相邻的人，每个人接到卡片之后在接下来的 5 分钟写下 3 个设想，依此类推，这样 30 分钟后就可产生 108 个设想。635 法与头脑风暴法在原则上相同，不同点是 635 法是每个人把设想记在卡片上。635 法又称默写式头脑风暴法，最早由德国人鲁尔已赫根据德意志民族善于沉思的性格、同时为了改善数人争抢发言易使点子遗漏的缺点，对奥斯本智力激励法进行改造而创立的。需要注意的是，该方法无须语言交流，思维活动可自由奔放；由 6 个人同时进行作业，可产生更高密度的设想；参与者可以参考他人写在传送到自己面前的卡片上的设想，并加以改进或利用；不因参与者地位上的差异以及性格的不同而影响意见的提出；卡片的尺寸相当于 A4 纸，上面画有横线，每个方案有 3 行，分别加上 1 到 3 的序号，将方案一一写出来。通常在竞赛小组内，不擅长语言交流和容易受其他人影响的组员建议使用这种方法。

3. 德尔菲法

德尔菲法是以匿名征求专家意见的方式，通过若干轮的征集、反馈、归纳、统计收集设想的过程，由此可见，德尔菲法是一种利用函询形式进行的集体匿名的思想交流过程。德尔菲是古希腊地名，相传太阳神阿波罗在德尔菲杀死了一条巨蟒，成了德尔菲的主人。在德尔菲有座阿波罗神殿，是一个预卜未来的神谕之地，于是人们就借用此名，作为这种方法的名字。

德尔菲法最初产生于科技领域，后来逐渐被应用于大量领域的预测，如军事预测、人口预测、医疗保健预测、经营和需求预测、教育预测等。与常见的召集专家开会、通过集体讨论、得出一致预测意见的专家会议法相比，德尔菲法能发挥专家会议法的优点：能充分发挥各位专家的作用，集思广益，准确性高；能把各位专家意见的分歧点表达出来，取各家之长，避各家之短。同时，德尔菲法又能避免专家会议法的缺点：权威人士的意见影响他人的意见；有些专家碍于情面，不愿意发表与其他人不同的意见或出于自尊心而不愿意修改自己原来不全面的意见。该方法也有明显缺陷：专家选择没有明确的标准，预测结果缺乏严格的科学分析，最后的意见趋于一致，仍带有随大流的倾向；整个过程进行的时间较长，较头脑风暴法缺少激励的环境和氛围。因此在设计过程中设计师极少采用德尔菲法，主要是因为流程时间太长，但在设计后期评价以及方案匿名评估中德尔菲法仍是非常好的方式。

4. 5W2H 法

5W2H 法主要内容如下：WHEN——在何时？什么时间完成？什么时机最适宜？ WHERE——什么地方？在哪里做？从哪里入手？ WHO——为何人？谁？由谁来承担？谁来完成？谁负责？ WHAT——做什么？目的是什么？做什么工作？ WHY——为什么？为什么要这么做？理由何在？原因是什么？为什么造成这样的结果？

HOW——如何？怎么做？如何提高效率？如何实施？方法怎样？ HOW MUCH——完成程度？多少？做到什么程度？数量如何？质量水平如何？费用产出如何？

5W2H 分析法又称七问分析法，是第二次世界大战中美国陆军兵器修理部首创。5W2H 法被广泛用于企业管理和技术活动，该方法不仅对于决策和执行性的活动措施有所助益，也有利于弥补问题考虑的疏漏[1]。如果现行的做法或产品经过七个问题的审核已无懈可击，便可认为这一做法或产品可取。如果七个问题中有一个答复不能令人满意，则表示这方面有改进余地。如果哪方面的答复有独创的优点，则可以扩大产品在这方面的效用。

该方法的特点如下：第一，可以准确界定、清晰表述问题，提高工作效率；第二，有效掌控事件的本质，完全抓住了事件的主骨架，把事件打回原形思考；第三，简单、方便、易于理解和使用，且富有启发意义；第四，有助于思路的条理化，杜绝盲目性；第五，有助于全面思考问题，从而避免在流程设计中遗漏项目。在设计过程中，该方法主要通过对成果提出七个问题来审核验证，有助于思路的条理化，方便全面思考问题，避免在流程设计中遗漏项目。

5. 检查表法

检查表法又称目录提示法或检查提问法，是指人们对存在的问题往往不知该从哪入手提出解决方案，于是提出一些事先准备的问题要点，以启发思维产生新方案，它是一种操作性好的有效方法。通过一系列问题对现有成果进行反向思考，查漏补缺[2]。如：现有的东西有无其他用途？能否从其他地方得到启发？现有的东西有无其他用途？能否从其他地方得到启发？现有的东西是否可以作某些改变？放大、扩大？缩小、省略？是否能调整角度思考问题？能否从相反的方向思考问题？能否从综合的角度分析问题等。这种方法后来被人们逐渐充实和发展，并引入了为避免思考和评论问题时发生遗漏的 5W2H 法，最后逐渐形成了如今的检查表法。

1.1.2 形象思维创新技法训练

形象思维是指用直观形象和表象解决问题的思维，是在对形象信息传递的客观形象体系进行感受、储存的基础上，结合主观的认识和情感进行识别（包括审美判断和科学判断等），并用一定的形式、手段和工具（包括文学语言、绘画线条色彩、音响节奏旋律及操作工具等）创造和描述形象（包括艺术形象和科学形象）的一种基本的思维形式，形象思维创新技法训练包含类比模拟训练法和联想思维训练法[3]。

---

[1] 罗婷婷. 创造力理论与科技创造力 [M]. 沈阳：东北大学出版社，1998.
[2] 贺善侃. 创新思维概论 [M]. 上海：东华大学出版社，2006.
[3] 中国心理卫生协会，中国就业培训技术指导中心. 心理咨询师（基础知识）[M]. 北京：民族出版社，2015.

1. 类比模拟训练法

类比模拟训练法是用发明创造的对象与某一类事物进行类比对照，从而获得有益启发，是提供解决问题线索的简易有效的创造方法之一。现代逻辑认为，类比就是根据两个具有相同或相似特征的事物间的对比，从某一事物的某些已知特征去推测另一事物的相应特征存在的思维活动。而类比思维是在两个特殊事物之间进行分析比较，它不需要建立在对大量特殊事物分析研究的基础上。因此，它可以在无法进行归纳与演绎的一些领域中发挥独特的作用，尤其是那些被研究的事物个案太少或缺乏足够的研究、科学资料的积累水平较低、不具备归纳和演绎条件的领域[1]。

类比模拟训练分为拟人类比模拟、直接类比模拟、综合类比模拟、象征类比模拟。拟人类比模拟如制造机器人，让它模拟人的某些特点，赋予其人工智能和动作，以替代人去做那些难度大、强度高或具有危险性的工作。直接类比模拟是将所发生的自然现象或事件，直接与创造思路建立模拟联系和比较关系，从而对事件进行反应。综合类比模拟是指在应用综合法建立数学模型的基础上由数学模型之间的相似性进行比较，来采集获取难度大、准确度高的科学数据的类比活动。象征类比模拟是借助事物形象和象征符号，表达某种抽象概念或情感的类比，因此有时也称之为符号类比。这种类比可使抽象问题形象化、立体化，为创意问题的解决开辟途径。美国麻省理工学院的威廉·戈登（William Gordon）曾说："在象征类比中利用客体和非人格化的形象来描述问题。根据富有想象的问题来有效地利用这种类比[2]。"例如：艺术家王福瑞使用数百个喇叭所构成的作品《声点》。观者经过所带动的气流，如一阵吹过林间的风，而发出回应的是宛若虫鸣，实则是无数晶片运算发出的声频。艺术家以"声林"类比了森林，反思了当今科技浪潮下人们逐渐丢失的感官感受和深度思考，这个作品采用的就是典型的象征类比模拟手法（图 1.1）。

图 1.1　艺术家王福瑞作品《声点》

[1] 萧浩辉. 决策科学辞典 [M]. 北京：　人民出版社，1995.
[2] 胡颐. 让发明来的更快的类比法明法（二）[J]. 发明与创新：综合版 ，2008（11）.

2. 联想思维训练法

联想思维训练法简称联想法，是人们经常用到的思维方法。联想是一种由某一事物的表象、语词、动作或特征联想到其他事物的表象、语词、动作或特征的思维活动。通俗地讲，联想一般是由于某人或者某事而引起的相关思考，人们常说的"由此及彼""由表及里""举一反三"等就是联想思维的体现[1]。联想思维分为相似联想、对比联想、关系联想、变通联想。相似联想是对性质接近或者相似事物产生的联想，如从语文书联想到数学书，从钢笔联想到铅笔。对比联想则是对某些事物所具有的相反特点所产生的联想，如黑与白，静与动。关系联想是由事物之间存在的各种关系所产生的联想，如由水想到鱼，由鱼想到虾。变通联想是用来克服思维定势和功能固着的影响，它能提高思维的变通性。例如：给出一个盒子，首先联想到它是一个容器，可以装水、装鸡蛋等；如果从它的类别形象去联想（如装饰类），可能想到它的特殊性用途，如化妆盒、首饰盒等；如果从它的外观和功能上联想，则可能想到文具盒、木盒、塑料盒等。

1.1.3 目标驱动类思维创新技法训练

1. 特性列举训练法

特性列举训练法是美国内布拉斯加大学教授克劳福德（Robert Crawford）发明的一种创造技法，该方法将事物的各种特性一一列举出来，进行比较分析，从而保持和强化有利的特性，克服不利的特性。特性列举训练法首先确定目标对象并列举出对象的特性，包括名词特性、形容词特性和动词性特性等。名词特性包含部件、材料、制造方法等；形容词特性则指对象的性质、形状等，如一件物品外观以及颜色；动词特性主要表示对象的功能、意义。使用者需要逐一考虑每个特性，用替换、简化、组合等方法重新设计，最后选择可行的革新方案进行创新。特性列举法的特点之一是全面性，它把对象的所有特性都列举出来，系统地思考和解决问题。此外，它还具有规范性，也就是说使用者需要按一定的规范列举对象的特性，而不是随机列举。

2. 缺点列举训练法

缺点列举训练法，是一种分析列举型的创新思维技法。其实质是鼓励人们积极寻找并抓住事物不方便、不合理、不美观、不实用、不安全、不省力、不耐用等各种缺点，把它们一一列举出来，然后针对不足之处有的放矢、发明创新，寻找解决问题的最佳方案。

例如，在 2000 年汉诺威世博会上，日本建筑师坂茂设计了一座既具日本传统风格又体现可持续发展理念的纸建筑。坂茂从建筑材料和结构的特性出发，契合世博会倡导的"人·自然·技术"主题，设计了这

---

[1] 董仁威．新世纪青年百科全书 [M]．成都：四川辞书出版社，2007．

座建筑史上规模最大、质量最轻的建筑。建筑骨架全是由再生纸管构成的，覆盖墙面和屋顶的是一层半透明的再生纸膜，因此不必使用人工照明。世博会结束后，这些材料全部被回收利用，体现了"零废料（zero waste）"的生态设计理念。纸建筑的齐拱筒形主厅由440根直径12.5厘米的纸筒呈网状交织而成，舒缓的曲面以织物及纸膜做内外围护，屋顶与墙身浑然一体。在长达半年的世博会举办期间，纸建筑经历了各种不同的天气状况，在盛夏能阻隔热量，在雨天又不会发生漏雨，轻薄的纸质材料甚至没有被大风吹塌，体现了建筑师坂茂努力克服纸材料特性短板、巧妙创新的设计思维（图1.2、图1.3）。

图 1.2　世界博览会日本馆外观　　　　图 1.3　世界博览会日本馆内景

3. 希望点列举训练法

希望点列举训练法同样由内布拉斯加大学的克劳福德教授发明，该方法鼓励将各种各样的希望、梦想、联想及偶发的奇异想象等一一列举出来，作为可能创新的方向。希望点列举训练最好由若干人参加，在轻松自如的气氛下，自由自在、无拘无束地展开议论，由专人负责把那些"不经意"的想法随时记录下来以供最后设计时参考或借鉴。希望点列举训练法和缺点列举训练法出发点不同但形式相似，因此与缺点列举训练法有异曲同工之妙。

该方法的要点是不断提出"希望"，即提出"怎么样才会更好"的理想，以激发和收集参与者的构想，随后仔细研究人们的构想，以形成"希望点"。最后以"希望点"为依据，创造新产品以满足人们的希望。

例如，妹岛和世与西泽立卫在设计瑞士劳力士学术中心时，希望有更多鼓励社交活动的开放式公共空间，于是他们设计的建筑去掉了柱子，以消除公共空间的隔阂，从而利用设计增加了人与人交流与相聚的机会（图1.4、图1.5）。

图 1.4　妹岛和世与西泽立卫设计的瑞士劳力士学术中心　　图 1.5　瑞士劳力士学术中心内景

4. 聚焦训练法

聚焦训练法就是充分发挥联想的作用，将联想之网撒向四面八方，最后又收聚到一点，即发明目标上。使用聚焦训练法首先需要确定对象、收集问题，并根据选择的目标确定一个具体的可行性课题，再通过查阅资料，回忆自身经历等联想来活跃思维，找到解决方案。该方法通常以聚焦的方式对问题和现象的某一特点展开联想。

5. 求同、求异思维训练法

求同、求异思维训练又可分为求同思维训练和求异思维训练。求同思维也称为汇聚思维。任何两种事物或者观念之间，都有或多或少的相同点，我们抓住了这些相同点，便能够把千差万别的事物联系起来思考，从而发现新创意[1]。因此求同思维是一种有方向、有范围、有条理的收敛性思维方式。求异思维也叫做扩散思维，在思维过程中，从多种设想出发，不按常规地寻找差异，使信息朝各种可能的方向发散，多方面寻求答案从而引出更多的新信息。

1.1.4 立体思维创新技法训练

从多角度考虑问题符合思维的系统性、整体性原则，只有全面、综合地联系客观世界，才会得到准确的判断，从而寻求到更有效的解决问题的方法。立体思维的灵活运用是提高创新能力的有效途径。立体思维创新技法训练具体包括逆向思维训练法、侧向思维训练法、横向思维训练法、纵向思维训练法、信息交合思维训练法。

1. 逆向思维训练法

逆向思维训练法，就是从事情发展的对立面去思考问题。逆向思维的运用有利于突破思维定势，并避免单一正向思维和单向度的认识过程的机械性，克服线性因果律的简单化，从相向视角来看待和认识客体。逆向思维的思维取向通常与常人思维相反。当一种公认的逆向思维被大多数人掌握并应用时，它就变成了正向思维。通常我们所说的"人弃我取（欲将取之，必先予之），人进我退（以退为进），人动我静（以动制静），人刚我柔（以柔克刚）"都是逆向思维。

2. 侧向思维训练法

侧向思维训练法以总体模式和问题要素之间的关系为重点，使用非逻辑的方法，设法发现问题要素之

---

[1] 刘建明. 宣传舆论学大辞典 [M]. 北京：经济日报出版社，1992.

间新的结合模式，并以此为基础寻找问题的各种解决办法，特别是新办法。侧向思维通过将人的注意力引向外部其他领域和事物，从而使其受到启示，找到超出限定条件之外的新思路，因此侧向思维本质上是一种联想思维。通常所说的"触类旁通"就是一种典型的侧向思维方法。例如：将照片倒过来看，却是另外一种不可思议的美（图 1.6）。侧向思维常在技术创新构想产生过程的前阶段被采用 [1]。

图 1.6　华中科技大学青年园

3. 横向思维训练法

横向思维训练，是指突破问题的结构范围，从其他领域的事物、事实中得到启示而产生新设想的思维方式。横向思维由于改变了解决问题的一般思路，尝试从其他知识领域入手，大大增加了问题解决方案的广度。横向思维属于跳跃性和启发性较强的旁通思维，利用其他领域的知识，举一反三，跨界去思考问题。设计师伊夫·圣·洛朗（Yves Saint Laurent）在 1965 年受荷兰画家蒙德里安绘画作品的影响设计了 10 条裙子，在当时的时装界掀起了一股"蒙德里安"风潮，后来这些裙子理所应当地进入了时装史的殿堂，并且有个专用名字"Robe Mondrian"（蒙德里安裙），这是典型的横向思维结果（图 1.7）。

---

[1] 陆雄文. 管理学大辞典 [M]. 上海：上海辞书出版社，2013.

图 1.7　蒙德里安裙

4. 纵向思维训练法

纵向思维是指在一种结构范围中，按照有顺序的、可预测的、程式化的方向进行的思维方式。这是一种符合事物发展方向和人类认识习惯的思维方式，遵循由低到高、由浅到深、由始到终等时间或空间线索，因而清晰明了，合乎逻辑。我们在平常的生活、学习中大都采用这种思维方式。纵向思维具有分析性、有序性、稳定性以及可预测性的特点，是设计过程中较为常用的思维方式。

5. 信息交合思维训练法

信息交合思维训练法是建立在信息交合理论基础上的一种组合分析类创新法。信息交合理论是研究客观世界和心理世界信息运演的理论，主要从多角度和多层面探讨思维方法问题。信息交合思维训练法的运用，可以改变人的思维习惯，提高人的思维能力，拓展人的思维层次，从而最大限度地发挥人的思维活力。信息交合思维训练法又称魔球法，其实施步骤如下。首先确定中心，也就是确定所研究的信息和联系的上下维序的时间点和空间点，即坐标零点。其次，画标线。就是用矢量标线（即带方向的有向线段），将信息因素序列进行串联。简而言之，是根据信息交合中心问题的特点和需要，用若干坐标线串联所列的信息序列。例如，在研究"瓷杯的改进"过程中，可在中心点"杯"向外画出"功能""材料""形态结构"以及"关联学科"等坐标线。接下来则是注明标点，指在信息标线上注明有关信息点。例如，可在图中材料的标线上注明搪瓷、陶瓷、金属、玻璃、塑料等。注明标点有助于人们明确信息交合的范围和目标，从而进行更加有针对性的信息交合。最后一步是信息相交合，该步骤主要以某一标线上的信息为母本，以另一标线上的信息为父本进行信息交叉，以产生新的信息和设想。例如，以"杯"为母本，与"知识"为父本，交叉后可产生"趣味知识杯""历史典故杯""节气农时杯""四季星图杯"等。由此可见，信息交合可使人的思路大为拓展，这样就为新产品的开发提供了多种可能。

各类立体思维创新思维的比较见表 1.1。

表 1.1 各类立体思维创新技法的比较

	逆向思维	横向思维	纵向思维	信息交合思维
面对问题的方式	求异、反推	延伸、迁回、旁通	突破、递进	全面分析
解决问题的优势	有助于克服思维定势的局限性	有利于克服客观条件和技术的限制	方向性明确，层次清晰明了，更加深入	多层次、多角度探讨分析问题
解决问题的缺点	盲目	不确定性高，节奏跳跃，思维深度不够	易碰壁，思维广度不够，方向单一	受条件限制，过于死板

1.1.5 灵智类思维创新技法训练

灵智类思维创新技法是一种以大胆猜想、假设、即兴发挥等方式展开思考的方法。它大致分为三类：直觉思维训练法、创意思维训练法、灵感思维训练技法。

1. 直觉思维训练法

直觉思维，是指对一个问题未经逐步分析，仅依据内因的感知迅速地对问题答案作出判断以及猜想。在对疑难百思不得其解之时，突然对问题有"灵感"和"顿悟"，甚至对未来事物的结果有"预感""预言"等，这些都属于直觉思维的体现[1]。直觉思维是人类潜意识的思维模式，它给主体提供一种内驱力，一旦受到有关信息的触发，即显现为灵感、顿悟、直觉。人的大脑主要存在两种思维模式：第一种思维模式是表面的、快速的、毫不费力的，是我们的本能反应，这就是直觉，它是通过自身生活经验做出的快速决定；第二种思维模式是深思熟虑的，要经过分析和思考才能得出决定，这属于理性的、具有逻辑的思维模式。直觉思维有三个特点：其一为简约性，直觉思维通常依据对象整体最突出的特征作出判断，因此直觉最能反映事物的本质；其二为互补性，直觉思维与逻辑分析思维一般在创造过程中相互补充、相互作用；其三为创新性，直觉思维不拘泥于细节，因此它丰富而发散，具有不同于常规思维的创新性。我们平时做设计的时候，可能

---

[1] 河北省教师教育专家委员会. 教育心理学：理论与实践 [M]. 石家庄：河北人民出版社, 2007.

大脑中会同时涌现几种方案，而最终选择哪种方案就需要运用直觉思维做出选择。

在设计中如何强化直觉思维的训练呢？第一，倾听。必须用心聆听，感受直觉。第二，相信直觉。大量的事实证明，相信直觉而做出的选择，成功的概率更高，试着在倾听自己的直觉之后，对它们进行验证。第三，腾出时间安静思考。直觉需要通过在安静的环境中进行长时间的思考而得到。第四，留心观察生活。事实证明，观察得到的信息越多，直觉判断越准确。

日本著名的产品设计师深泽直人曾提出"无意识设计"，也就是"直觉设计"。"无意识设计"强调将人们无意识的行为转化成为可见之物。深泽直人认为一个好的设计是用户凭直觉就能使用的，设计师并不需要使用说明书去告诉人们怎么使用这些产品。由他设计的台灯乍看之下没有什么特别之处，但它具有十分人性化的小功能。考虑到人们有在出门进门时随处乱扔钥匙的习惯，用户在回家之后，可以顺手把钥匙丢进台灯下面的凹槽，这样台灯就会自动亮起，而离开房间取走钥匙的同时，灯也会自动熄灭。这样的设计巧妙地利用了用户的"无意识行为"，成为"直觉设计"的典范（图 1.8）。

图 1.8　日本产品设计师深泽直人所设计的台灯

2. 创意思维训练法

创意思维指以新颖独特的思维活动揭示客观事物的本质及内在联系，并指引人去获得对问题的新的解释，从而产生前所未有的思维成果。创意思维跟创造性活动相关，是多种思维活动的统一，而发散思维和灵感在其中起到重要的作用。但是在实践中，如果缺乏大量的创意思维训练，很难产生好的灵感，就不能构思颇具创意的发明。

3. 灵感思维训练法

灵感思维是指凭借直觉产生的快速的、顿悟性的思维。它不是一种基于简单逻辑或者非逻辑的单向思维运动，而是逻辑性与非逻辑性相统一的理性思维过程。灵感思维是一种基本的思维形式，其雏形孕育于人类原始思维之中。与此同时，灵感思维又是最高级的思维形式，是创造的重要因素，更是艺术设计创作过程中追求的高峰。通常情况下，灵感思维潜藏在人们的思维深处，它的出现有着很多的偶然因素，并且不以人的意志为转移。正是由于它的突发性和不稳定性，人们更需要努力创造条件，勤于思考，以激发灵感思维。

好的设计是可以学习的，各类创新思维技法也随着时代不断涌现和改变。只有系统地学习如何创新，对设计不断求新求异，根据不同的条件、不同的形式以及设计的不同阶段，合理运用创新思维训练技法，才可能跳出传统思维的束缚，让设计更有新意（表 1.2）。

表 1.2　创新思维训练技法

序号	创新思维技法名称	概念	技法
1	激智类思维创新技法训练	以集思广益的方式，在一定时间内采用极迅速的联想作用，产生大量设想	头脑风暴法 635 法 德尔菲法 5W2H 法 检查表法
2	形象思维创新技法训练	将思维可视化，使用反映同类事物一般外部特征的形象，激发联想、类比、幻想等，从而产生创新构思	类比模拟训练法 联想思维训练法
3	目标驱动类思维创新技法训练	将事物的各种特征一一列举出来，进行比较分析的思维方法	特性列举训练法 缺点列举训练法 希望点列举训练法 聚焦训练法 求同、求异思维训练法
4	立体思维创新技法训练	从多角度考虑问题，符合思维的系统性、整体性原则的思维方法	逆向思维训练法 侧向思维训练法 横向思维训练法 纵向思维训练法 信息交合思维训练法
5	灵智类思维创新技法训练	求新求异，跳出传统思维的束缚，有寻求多种答案的思维方法	直觉思维训练法 创意思维训练法 灵感思维训练法

1.2 创新思维培养

1.2.1 设计知识积累

好的设计就像一座冰山，人们能看见的只是浮在水面上的部分，而掩埋在水面之下的，才是设计师需要重点思考的，它往往包含了历史、地理、社会学等方面的知识。

设计是一门综合学问，好的设计能体现出一个人的世界观、价值观和思维深度。正如古诗所说："腹有诗书气自华。"一个人所读过的书都会在自己身上体现出来。知识就像一个装着水的正方体容器，积累的知识量是水的深度；思维的广度决定容器的宽度；思维的深度决定容器的高度。作为一名设计专业的学生，需要拓展自己的知识面，重视知识的积累，积累了大量的知识，设计水平自然会跟着提高。

那么知识积累应该积累什么？从哪里开始积累？怎么确保学习到的知识能用于自己的设计中呢？

由于科技的发展，大家的阅读越来越碎片化、图像化、表面化。常常感觉到每天都在刷着网络、看着课本，但是不知道自己在吸收什么。新知识不知道从何学起，基础知识不知道如何查漏补缺。出现这种情况，往往是设计知识积累到了一定的量，但还没到引起质变的程度。这时候一定要沉下心，重新梳理自己的知识框架，补上缺失的部分。设计知识的获取渠道是多种多样的，包括课堂、网络、书籍等。现在大家越来越喜欢公众号、视频等新媒体。这种载体的优点明确：更新速度快、与世界前沿设计接轨、趣味性更强。但是文字作为人类最初的知识产物，始终具有其无法代替的地位。书籍是人类进步的阶梯，作为设计专业的学生，阅读大量的书籍是很有必要的。

古罗马时代的建筑大师维特鲁威提出"一切建筑物都应考虑坚固、实用、美观"，他还提出在设计师的教育方法与修养方面，不仅要重视才能，更要重视德行、全面发展。基于此，读单一的设计著作显然是不够的，而针对设计专业的书籍可以分成以下几类：专业核心类，文学类，史学类，哲学类等。这种分类方法是基于构建设计师必要的知识体系而来的基础分类。在此分类之外，如果希望让自己的设计与整个社会发生关联，起到推动社会发展的作用，还需要掌握更多的知识类别，比如心理学、社会学、政治学、经济学等，在此就不一一阐述，统一写在拓展分类里面。

1. 专业核心类知识积累

这一类知识的重要性，在课堂中已经感受到了，但是仅仅靠上课是不能构建足够的专业核心知识的。老师在上课的时候，经常会给书单，这些书单是给大家补充基础知识，向大师学习、开阔思维的。能把这些书单完整地看下来的人却不多。因此本书总结了多个学校多个老师的推荐书单，拿出其中最常见也最需要精读的书，列出了一个目录，无论是规划、建筑、园林还是环艺等专业的学生，都需要在课外读一读，如图1.9所示。

专业核心类知识积累：

建筑：

《走向新建筑》柯布西耶

《在建筑中发现梦想》安藤忠雄

《安藤忠雄连战连败》安藤忠雄

《建筑十书》维特鲁威

《建筑师的20岁》安藤忠雄

《建筑师成长记录：学习建筑的101点体会》马修·弗莱德里克

《建筑：形式、空间和秩序》程大锦

《建筑家安藤忠雄》安藤忠雄

《建筑语汇》爱德华·怀特

《十宅论》隈研吾

《负建筑》隈研吾

《场所原论》隈研吾

《建筑的复杂性与矛盾性》罗伯特·文丘里

《看不见的城市》伊塔洛·卡尔维诺

《作文本》张永和

《建筑形式的逻辑概念》托马斯·史密特

《建筑的七盏明灯》罗斯金

《建筑模式语言》克里斯托弗·亚历山大 等

《建筑的永恒之道》克里斯托弗·亚历山大

《俄勒冈实验》克里斯托弗·亚历山大 等

《异规》塞西尔·巴尔蒙德

设计：

《设计问题：历史·理论·批评》维克多·马林

《非物质社会：后工业世界的设计、文化与技术》马克·第亚尼

《设计美学》徐恒醇

《艺术与视知觉》阿恩海姆

《艺术心理学新论》阿恩海姆

《机械复制时代的艺术作品》本雅明

《公共艺术时代》孙振华

《设计心理学》唐纳德·诺曼

《公共艺术的观念与取向》翁剑青

《设计中的设计》原研哉

《暗房——当代建筑在中国70》傅筱 胡恒

《现代画家》罗斯金

《视觉与设计》罗杰·弗莱

《艺术原理》罗宾·乔治·科林伍德

《艺术问题》苏珊·朗格

《艺术的意味》莫里茨·盖格尔

《造型艺术中的形式问题》希尔德勃兰特

《抽象与移情》威廉·沃林格

《西方六大美学观念史》塔塔尔凯维奇

《工业文明的社会问题》乔治·埃尔顿梅奥

城市：

《设计遵从自然》伊恩·麦克哈格

《城市营造》约翰·伦德·寇耿

《交往与空间》扬·盖尔

《城市意象》凯文·林奇

《场所精神—迈向建筑现象学》诺伯舒兹

《美国大城市的死与生》简·雅各布斯

《城市街区的解体——从奥斯曼到柯布西耶》让·卡斯泰 等

《街道与形态》斯蒂芬·马歇尔

《街道的美学》芦原义信

《街道与广场》克利夫·芒福汀

《寻找失落的空间》罗杰·特兰西克

《看不见的城市》卡尔维诺

《未来城》詹姆斯·特菲尔

《小城市空间的社会生活》威廉·怀特

《世界城市史》贝纳沃罗

《城市建设艺术——遵循艺术原则进行城市建设》卡米洛·西特

图 1.9　核心知识类书目

书单中大部分图书都是老师们推荐的。《建筑师的20岁》是一本让人觉得做设计的疲惫被一扫而空的书，最适合在设计方案进入瓶颈期，长久得不到提升，或者对自己的进步不满意的时候阅读。日本建筑大师安藤忠雄的《在建筑中发现梦想》是以主题设计来谈论建筑的讲义集合。安藤忠雄列举了自己到访过的城市与邂逅过的世界建筑巨作，阐释它们身上被寄托的梦想。在看书的过程中，仿佛可以透过安藤忠雄的眼睛，来反思现代建筑中人与人、人与环境之间的关系。同类型的作品还有中国著名建筑师张永和的《作文本》。这本书收录了作者二十多年的随笔，内容涉及建筑、概念、影视、文学等方面的内容，对读者设计能力的提高很有帮助。

看过了建筑大师解读的建筑，还可以读一读英国结构工程师巴尔蒙德（Cecil Balmond）的《异规》，该书从结构师的角度来解读建筑。"异规"的意思是指不规整的建筑构成，作者列出了一系列由数学与物理

定义所形成的随意、自由的建筑。虽然他是一位结构师，但是书中的他仿佛一位哲学家，用结构去探讨建筑给予人的生存体验与空间体验。书中的案例也非常有趣，比如怎样让建筑飞。对于建筑师而言，这很难做到，只能玩视觉游戏。而在结构工程师的眼中，是可以通过支撑与悬挂相结合的结构，艺术性地将墙与梁巧妙转换，最后构造出轻盈的仿佛起飞的建筑。

对建筑的理解同样离不开对城市的思考，《寻找失落空间》是一本极具启发性的书。该书寻找的失落空间是指"令人不愉快、需要重新设计的反传统的城市空间，对环境和使用者而言毫无益处；它们没有可以界定的边界，而且未以连贯的方式去连接各个景观要素[1]"。在急速发展的现代城市中，这样的空间越来越多，而人在这样的空间中无疑是不舒服的。在近几年的竞赛中，由于政府的重视，对于城市失落空间的改造设计也越来越多。比如关注城市公共绿地的上海奉贤南桥口袋公园更新设计国际竞赛，关注城市趣味的趣城计划·国际设计竞赛以及趣城秦皇岛国际大学生设计竞赛等。通过阅读该书，补充一下对城市的认知也非常有必要。读过该书之后，可以看看《交往与空间》《街道的美学》这两本着眼于更小尺度空间的书，也许在阅读的过程中对于"城市失落空间"会得出新的理解。

核心专业知识的积累不是几本书的事情，也不是一个书单的事情，本书单能做的只是打下基础的框架，里面的具体内容还需要不断的补充。在看书的过程中，一定要思考，多做笔记，将看过的书串联起来，形成知识框架体系，运用到自己的设计中去。

2. 文学类、史学类、哲学类知识积累

人们说设计是一门向前看的学问，在学生时代，大家忙着积累国际最新、最前沿的设计。但创新思维的获得，并不一定要站在时代的前端，如果把眼光放长远，在历史中，也许一样隐藏着创造的源泉。前人的经验在悠久的历史里发酵，积累了足够的资源，只有立足于当下，在过去与未来之间穿行，才能真正具有源源不断的创造力。文学类、史学类、哲学类书单如图1.10所示。

文学类的书籍严格来说并不能直接反映到设计中，不像专业类书籍，每看一本，就会懂得多一点。文学类的书更多的是直接反映到人格上的。比如对人性的理解，对个性的认同，对各种价值观与经历的理解，会让人变得更宽容，更懂得站在他人的立场上思考。而设计与文学也是有共通之处的，都是在点滴细节中感动人心。

《城市心灵》主要讲述主人公保罗在20世纪70年代的香港生活的点点滴滴。该书让人很有代入感，会不由自主地在脑海中勾勒出一副回忆中老旧社区的光影斑驳的画面，随着城市的发展，这样的画面离得越

---

[1]［美］罗杰·特兰西克.寻找失落空间——城市设计的理论 [M].朱子瑜，张播，鹿勤等，译.北京：中国建筑工业出版社，2008.

文学类、史学类、哲学类知识积累：

文学类：

《闲情偶寄》李渔

《梦溪笔谈》沈括

《红楼梦》曹雪芹

《人间词话》王国维

《世说新语》刘义庆

《生命的奋进》梁漱溟、牟宗三、唐君毅、
　徐复观

《西潮》 蒋梦麟

《记忆像铁轨一样长》余光中

《平凡的世界》路遥

《城市心灵》郭少棠

《站在时代的转折点上》沈清松

《悲惨世界》雨果

《生命中不能承受之轻》米兰·昆德拉

《百年孤独》加西亚·马尔克斯

《战争与和平》列夫·托尔斯泰

《玩偶之家》易卜生

《万物》雷德侯

《生命中不可错过的智慧》罗伯特·弗格汉姆

《爱的艺术》弗洛姆

哲学类：

《禅宗的黄金时代》吴经熊

《禅宗与道家》南怀瑾

《安迪·沃霍尔的哲学》安迪·沃霍尔

《康德哲学讲演录》邓晓芒

《歌德谈话录》歌德

《艺术哲学》丹纳

《政治学》亚里士多德

《哲学的故事》威尔·杜兰特

《康德传》阿尔森·古留加

《尼采传》丹尼尔·哈列维

《海德格尔传》吕迪格尔·萨弗兰斯基

《马斯洛传》爱德华·霍夫曼

《理想国》柏拉图

《伦理学》亚里士多德

《中国艺术精神》徐复观

《君主论》马基雅维利

《正义论》罗尔斯

《社会契约论》卢梭

《论自由》约翰·密尔

《论美国的民主》托克维尔

《政府论》约翰·洛克

《中国哲学简史》冯友兰

史学类：

《考工记》

《天工开物》宋应星

《长物志》文震亨

《园冶》计成

《世界城市史》贝纳沃罗

《城市形态史——工业革命以前》莫里斯

《世界现代设计史》王受之

《工业设计史》何人可

《中国工艺美术史》卞宗舜

《中国建筑史》梁思成

《外国建筑史——从远古至19世纪》 陈平

《世界现代建筑史》王受之

《1945年以来的设计》彼得·多默

《外国设计艺术经典论著选读》李砚祖

《剑桥中国现代史》费正清

《中国美术史纲要》黄宗贤

《中国近现代美术史》潘耀昌

《中国画论选读》俞剑华

《中国文化要义》梁漱溟

《西方美学史》朱光潜

《历史研究》汤因比

《伯罗奔尼撒战争史》修昔底德

《伊利亚特》荷马

《奥德赛》荷马

图 1.10　文学类、史学类、哲学类书单

来越远：社区的居民、儿时的发小、友善的卖糖大叔，渐渐找不到了。读该书的好处大概在于让人重拾这段记忆。设计师不应该是高高在上的，而要以人为本，从生活出发，让设计重拾美好的生活。还有很多有意思的书，《生命的奋进》让人学会重新审视学习的过程，《西潮》教会人珍惜生活，《记忆像铁轨一样长》讲述记忆的重量。而最终，这些思想都将会在设计中反映出来。

　　历史的阅读也许是比较无趣的，但是只有了解历史，才能知其然又知其所以然。人们说社会是不断重复的，分久必合，合久必分；时尚是将重复的东西再创新一遍。那建筑呢？城市呢？人们对于世界的需求是不是从来没有变过？掀开一层层复杂的表皮，根源只能从历史中寻找答案。

哲学一词源自古希腊，是"爱智慧"的意思，这是一门思考的学科。作为设计专业的学生，也许对哲学还没有系统的概念，却会在不知不觉中开始运用哲学思考问题。因为设计本身就是一种探寻活动，寻求解决的方法。设计和哲学都是思想的产物，哲学对设计有着重要的指导意义。学一些哲学，会让设计思考更加深刻。《中国哲学简史》《西方哲学史》是比较基础的哲学历史读物。看哲学书籍有时候的确比较艰难，存在晦涩难懂的问题。可以先从比较有趣的书籍开始看，民国三大名家之一、禅道诗人吴经熊的《禅宗的黄金时代》被认为是禅学的经典代表之作，主要内容是讲述了中国禅宗的巅峰时期以及历代祖师的智慧，而作者吴经熊的宗教造诣之深，让人叹为观止。著名古文字学家南怀瑾先生的《禅宗与道家》比较了禅宗与道家的相同与不同之处，同样也是非常有意思的书。

《园冶》是设计师必读的读物之一，著名园林学家陈植的注释版非常值得一看。《中国建筑史》《外国建筑史——从远古至 19 世纪》，这两本书学校都会开设课程，可见其重要性。而英国当代作家彼得·多默（Peter Dormer）的《1945 年以来的设计》提供了一种观点，区分于将设计思维与自我表达提到最高程度的方式，将设计师作为一个团体的成员。与商人、市场和消费者一样，设计师的角色在整个社会发展中一直在变化。当市场萧条，设计行业也会没落，而当市场复苏，设计师也随之改变。只要社会需要，设计师们也可以成为人体工程学家或者环境保护人员，又或者现代的淘宝店店主。

3. 拓展类知识积累

对于设计学生来说，还有不少其他专业的书籍需要学习，比如社会学、心理学、政治学、经济学等。法国社会心理学家古斯塔夫·勒庞（Gustave Le Bon）的《乌合之众》，是一本讲大众心理学的书。在这本书中他提出"群体的智商总是低于个人的智商，其行为往往不能被一个有着正常思维的人理解，即乌合之众"，主要探讨群体及群体心理的特征。《国富论》则是一本经典经济学专著，艰涩的语言下潜藏着有趣的经济理论。《透明社会》大胆地提出了一个透明社会的设想，比秘密控制的社会更稳定而有活力。《人类群星闪耀时》仿佛见证了十二个人类历史上最伟大的时刻。《批判性思维》提出了用新的角度看问题，走出思维误区。拓展类书单如图 1.11 所示。

现代社会发展迅速，网络方便、快捷、信息庞大。网络阅读也是一个非常好的渠道，很多好的网站、公众号、微博都是获取前沿设计的手段。但网络阅读也有其弊端，人们常常会在不知不觉中被信息洪流包裹，一天阅读上万字的微信、微博、公众号推送的新闻。但有句话说得好："不要把阅读当知识，把收藏当掌握。"看到的不等于知识，看了之后要反复回忆，运用在设计中，才能称之为自己的知识库存。书籍阅读也是一样的，实践出真知，做竞赛对于设计专业的学生来说就是一个很不错的实践方式，"纸上得来终觉浅，绝知此事要躬行"，需要在不停的实践中发现自己知识的缺口，然后再去补足。

拓展类知识积累：

拓展：

《人类群星闪耀时》斯蒂芬·茨威格	《人性的弱点》戴尔·卡内基
《批判性思维》布鲁克·诺埃尔.摩尔	《心理学与生活》理查德·格里格
《三十五年的新闻追踪:一个日本记者眼中的中国》 吉田实	《生命是什么》埃尔温·薛定谔
《如何阅读一本书》莫提默·艾德勒 查尔斯·范多	《人的潜能和价值》马斯洛等
《地图集： 一个想像的城市的考古学》 董启章	《自私的基因》里查德·道金斯
《审美教育书简》席勒	《怪诞行为学》丹·艾瑞里
《透明社会》大卫·布林	《西方的没落》奥斯瓦尔德·斯宾格勒
《国富论》亚当·斯密	《图解思考》保罗·拉索

图 1.11　拓展类书单

1.2.2　日常生活观察

日本著名建筑师安藤忠雄曾说过："设计的一半依赖于思维；另一半则源自于存在与精神。"这要求设计师必须俯下身子去了解、观察生活。城市应该变成什么样子？设计又应该是什么？面对这些问题，设计师需要从生活中去寻求答案。

1. 日常生活

德国哲学家埃德蒙德·胡塞尔（Edmund Husserl, 1859—1938）反对从概念到概念的思辨哲学方法，主张认识事物要尊重事物本身，认为"现象"是一切知识的根源或起源，人们应该从直接观察到的经验出发，寻求事物的本质（图 1.12）。

与普通人不同的是，设计师观察生活需要系统的思考方式，需要从生活中的种种现象看到一个问题的本质，然后再通过对问题的分析与理解提出一条合理的解决问题的途径。

作为一个设计师，该如何来观察生活？

应观察生活中的个体。生活中的个体，即人与事物。设计师可以根据各种不同的标准把人进行分类。根据社会分工可以将人们分为学生、白领、工人等；根据年龄阶段可以把人分为儿童、青年、中年人与老人，甚至兴趣爱好与生活的城市都可以成为分类的标准。如果从一个群体中挑选出几个人，然后去研究他们的生活，例如，研究他们在城市中的活动轨迹；研究他们对时间的安排；甚至研究他们的心理、性格。那么设计师很有可能会了解到这个群体固有的特点，甚至可以进一步地去了解这个共有的特点形成的原因。当对这个群体的了解足够深入的时候，作为一个设计师，需要去思考他们缺少什么，也就是说设计师能够为这些人做什么。若是把观察的对象换成某个物体，亦是如此。街头的垃圾桶、路口的信号灯、乡间的田野与高山，它们都是设计师应该俯下身子去观察、思考的事物。

生活中的事件是个体之间相连的纽带，我们应该积极关注生活中的大事小事，做一个处处留心的人，对身边发生的事充满着好奇与敏感。雷姆·库哈斯（Rem Koolhaas），早年曾从事剧本创作并当过记者，1968—1972年转行学建筑。记者的思考方式深深影响了库哈斯日后的设计，对他的建筑事业产生深远影响，使得他始终能从社会、文化的角度去看待建筑（图1.13）。

生活中的个体与事件构成了我们的生活，而生活一定是

图1.12　埃德蒙德·胡塞尔　　　　图1.13　年轻时的雷姆·库哈斯

设计师最重要的研究对象。设计师要防止自己掉入一个陷阱，那就是概念上的先入为主。人类的经验往往会被写进教科书，后人可以直接从教科书中得到知识而不需要重新通过实践获得，这固然是一件好事，但是它容易使人忘记观察生活的方法与热情。同时，世界是无比复杂的，而经验也难以被完美地归纳与总结。例如，深圳的城中村与武汉城中村看似相同，实际上却千差万别，各自的历史、气候、经济都是影响因素（图1.14、图1.15），甚至连武汉汉口的城中村与武昌的城中村都存在很多难以发现的区别。不同的现状决定了不同的需求，从而导向不同的设计。当设计师习惯了用概括性的概念去解释生活中的现象，那将会很难发掘出真正的答案，而这样的设计也只会是一个没有依据的虚构方案。

图1.14　深圳某城中村　　　　图1.15　武汉某城中村

2. 日常生活与设计

生活是设计的源泉，懂得生活的真谛才能创造出打动人的作品。设计往往源于人们在生活中各种各样的需要。根据马斯诺的需求层次理论，人们的需求被分为生理需求、安全需求、社会需求、尊重需求、自我实现需求五个层次。在人类历史早期，原始人为了满足生理与安全的需求创造了最原始的居住方式——巢居与穴居。今天，世界上大多数人都已解决生理与安全的问题，设计师更多地是讨论设计如何满足人们更高层次的需要。

德国著名哲学家叔本华（A. Schopenhauer）在《叔本华论说文集》中说："诱发一个人思想的刺激物和心境，往往更经常地来自现实世界而非书本世界（图 1.16）。呈现于他眼前的现实生活是他思想的自然起因。作为存在的基本因素，他自身的力量能够使它比其他任何事物都更易于激发、影响思考者的精神。[1]"设计创意的灵感来源于生活和成长的经历，在成长中的每个点滴的感悟，都可能在设计作品里得到新的体现。灵感的枯竭意味着设计师的职业成长面临困境。设计师应该不断地丰富自己的生活，体会生活每个瞬间的感悟，点滴中的感悟就是设计创意灵感的源泉。

图 1.16　叔本华

3. 设计改变生活

设计源于生活，也改变了人类的生活，好的设计一定是"问题"的良好协调统一体。到生活中去发现问题的所在是协调问题的出发点。发现问题的过程应该是一遍遍探索的过程，不能完全依赖于自己的思维。

一个好的设计的出发点在于设计师通过探究发现了有意义的问题。研究生活、发现问题是设计过程中至关重要的环节。何志森博士发起的 Mapping 工作坊从微观的视角出发，通过跟踪与观察等方法研究生活中的个体与事件。工作坊意在从城市中的某个个体出发，对其进行观察与研究，目的是发现该个体与城市之间的关系，然后基于这些关系提出自己的设计主张（图 1.17）。在这个过程中，需要长时间地、系统地对目标进行跟踪，甚至是将自己转化成为被研究对象。这样一种从微观角度出发的观察生活的方式拥有很大的价值，也拥有很强的可操作性，是我们可以借鉴的思考方式。

另外一个趋势是利用大数据技术从宏观的角度来解释生活。如今，一打开购物软件就会看到 APP 给你推荐的商品。这背后的逻辑是计算机利用用户们在终端上留下的数据，对用户们的生活进行深入的观察与学

---

[1] 叔本华. 叔本华论文说集 [M]. 范进等，译. 北京：商务印书馆，1999.

习，从而为用户推荐其喜欢的商品。澳大利亚墨尔本皇家理工大学（RMIT）的苏安维尔（SueAnne Ware）教授的团队完成过一个为墨尔本市流浪汉提供新设施的项目。首先，他们在流浪汉聚居的运动场为每个流浪汉发了一个装有 GPS 芯片的枕头，然后通过芯片了解到流浪汉们在一周内的运动轨迹。通过数据他们发现流浪汉在有些地方逗留时间很短，在有些地方停留时间较长。他们再重新找回流浪汉的路径，去体会哪些地方的设施或者是空间需要更新（图 1.18）。

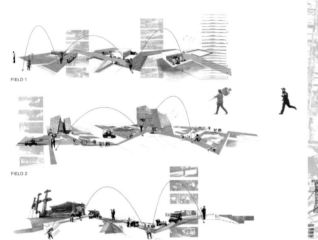

图 1.17　Mapping 工作坊跟踪卖糖葫芦的阿姨

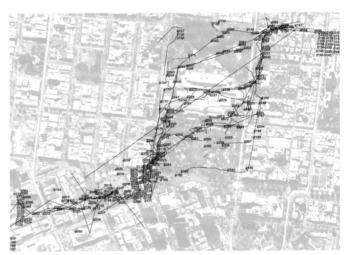

图 1.18　流浪汉们在一周内的移动轨迹

以上两个例子展示的是两种探索问题的方法。它们的共同点在于都是从生活中去寻找问题的所在，然后建筑师再通过对空间的营造去回应这个问题，最终改变我们的生活。往往一个失败的设计并不是设计本身的失败，而是设计师根本没有找到问题的所在。

1.2.3　大师思想与作品解读

1. 大师思想的内涵引入

每个专业都有站在金字塔顶尖的人物，都有让人们崇拜的大师。他们的艺术代表作，让人不由得心生景仰之情。例如，对于喜欢文学的人来说，把书籍当作自己的灵魂，致敬文学大师是最长情的告白；对于喜欢艺术的人来说，心底总是藏着对梵高、莫奈、毕加索这些艺术大师的崇拜之意。对于喜欢建筑的人来说，莫过于从柯布西耶到哈迪德，对他们的一系列经典作品展开分析，体味自然、建筑、艺术之间的共生关系。各行各业都存在着出类拔萃的大师，我们不仅需要知道他们，更需要进一步地理解、走近他们，发现作品里细腻、深刻的情感，跟随他们体味不一样的心境和情感。

书法是中华民族文化艺术的宝贵遗产，以其巨大的艺术感染力与独特的民族特色而闻名于世。中国古代的书法家尤以王羲之、欧阳询、颜真卿、柳公权等最为出色。在王羲之的书法作品《兰亭集序》中，人们可以深切地体会到书法艺术作品中所表达的寓意和思想，感受书法的灵动之美。而与之同样蜚声中外的一大批中国古代书画艺术精品，不仅能够彰显中国传统文化的伟大精神，也是我们设计创作的重要内容与创作源泉，需要我们深刻体会其中的蕴意与内涵。在中国近现代文学史上，王国维、胡适、鲁迅、老舍等文学艺术家们创作的优秀作品，对一代人甚至几代人产生了不可估量的深远影响，他们的文学艺术对于设计的影响更多地表现在精神领域。品读这些文学大师作品不仅有助于提高我们设计的审美情趣与精神追求，也为我们提供了丰富的艺术创作素材，值得好好咀嚼回味。

物理是对客观实际的论证与描述，是一种理性认识。而与之相较，艺术设计是抒发个人情怀的视觉产物，是一种感性认识。它们源于人类生活的两个面，看似没有关联，实质上却又息息相关，都追求着人类生活中最高尚、深刻的部分，寻求真理的普遍性。艺术设计界大师在创造作品的过程中，往往以物理理论作为实践基础，进一步加入自己的主观意向进行创作。因此，我们应该充分借助物理学的思维模式、思维方法，让创作成果具有夯实的理论基础。

音乐与艺术设计作为两种独立的语言，从表层来看，是有差异的，但是事实上却能够自如转化，相互交融，相互联系，因为"音乐是流动的建筑，建筑是凝固的音乐"。音乐大师贝多芬的《命运交响曲》，情绪激昂、气魄宏大，富有强烈的艺术感染力。我们在进行艺术设计的创作过程中，可以适当地与音乐大师的风格、技巧、结构关联起来，在优美的"旋律"中体现艺术设计之美。

2. 近代经典建筑作品解读

• 流水别墅

设计手法：结合坡地地形，进行跌落、层叠、延伸、穿插的设计。

"流水别墅在那里，静静地不说话，你就觉得它本来就属于这片山坡。清澈的山泉日夜不息地从别墅客厅的下面流过，住在里面的人每天都坐在流水的上面读书看报，喝茶聊天。"

借助瀑布这个自然景观，赖特实现了在自然世界生长出一个建筑的构想，他将别墅与流动的瀑布相结合，不但营造了一种自然灵动的空间效果，也在无意中将自然环境和室内空间进行了巧妙的交流，增强了空间的灵动感。在空间处理上，各个从属空间和室内空间自由延伸，相互穿插。内外空间相互交融，浑然一体，设计的流线十分通畅自然。溪水从建筑平台缓缓流出，别墅与流水、山石、树木相辅相成，像是森林世界生长出来的自然建筑（图1.19）。

图 1.19　建筑大师赖特作品——流水别墅

• 范斯沃斯住宅

设计手法：流动空间、少就是多。

范斯沃斯住宅是密斯·凡·德·罗 1945 年为美国单身女医师范斯沃斯设计的一栋住宅，房子四周是一片开阔的绿地，夹杂着参差不齐的树林。它的造型类似于一个架空的四边透明的玻璃盒子，袒露于外的钢架结构与玻璃幕墙的搭配使这个建筑流光溢彩，晶莹剔透，与周围的环境一气呵成。同时由于玻璃墙面的全透明观感，建筑仿佛从视野中消失了，建筑完全与自然同为一体，变成了一个名副其实的"看得见风景的房间"（图 1.20）。

图 1.20　建筑大师密斯·凡·德·罗作品——范斯沃斯住宅

· 萨伏耶别墅

设计手法：底层架空，屋顶花园，自由平面，横向长窗，自由立面。

萨伏耶别墅从远处看就是一座纯白色的建筑，墙面几乎没有多余的装饰，粉刷颜色简单自然，唯一可以称为装饰部件的就是横向长窗，这是为了能最大限度地让光线射入，获得充足的采光。底层架空的设计，使上部被托起的生活空间远离了地面的嘈杂和喧嚣，同时也改变了传统住宅的花园庭院的居住方式，这座房子里的每个单元都有个独立的生命，但是室内设计了不少连续、动态的坡道结构，使人在空间上又多了一层四维空间的体验，呈现出了更多建筑空间的变化（图1.21）。

图1.21　建筑大师柯布西耶作品——萨伏耶别墅

3. 当代经典建筑作品解读

· 光之教堂

设计手法：光的再设计。

整个建筑的重点集中在这个圣坛后面的"光十字"上，它是从混凝土墙上切出的一个十字形开口。白天的阳光和夜晚的灯光从教堂外面透过这个十字形开口射进来，在墙上、地上拉出长长的阴影。祈祷的教徒身在暗处，面对这个光十字架，仿佛看到了天堂的光辉。

光配合着建筑，使其变得纯洁。光随时间的变化，思维与精神重叠，重视人与自然的关系，以心的指尖触动空间（图1.22）。

图 1.22　建筑大师安藤忠雄作品——光之教堂

• 苏州博物馆

设计手法："以壁为纸，以石为绘"。

苏州博物馆的设计考虑到了与周围的自然环境相融合，配合着明亮的光线，洁白的墙壁，横平竖直的中国风几何元素，一走近博物馆，仿佛置身于温婉柔和的烟雨江南。庭院包含了很多中国古典园林的设计元素，例如假山、小桥、庭院，甚至还有借景。游走在其中，总能在不经意间看到巧妙的绿植摆放，呈现一派生机盎然的景象。除此之外，还有框景、绿植置入等表现手法，融入了现代建筑材料，演绎出了粉墙瓦黛的苏州建筑新符号（图 1.23）。

图 1.23　建筑大师贝聿铭作品——苏州博物馆

• 震后重建纸屋

设计手法：纸的重塑。

当灾难发生时，人们想要得到庇护的除了身体，还有心灵。只给受灾者简陋的身体庇护，却忽视了感情上的交流。板茂认为临时居所中"一个人挨着一个人睡"的环境实在是缺乏隐私，对难民造成了无形的伤害，于是板茂用纸管设计了独立的空间。

抱着每一个灾民都应该有属于自己的活动空间的初衷，板茂从居住方面快速解决了人们经历灾难后心理上无法接受波动和变化的问题，给人创造了一个安全、狭小、具有包围感的空间（图1.24）。

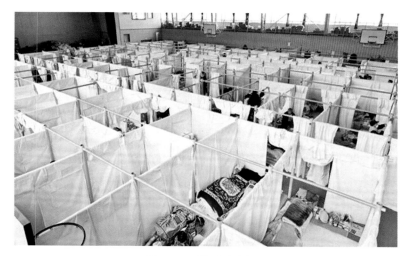

图1.24 震后重建纸屋

4. 艺术设计的风格走向

大师的作品不仅为读者提供了一个近距离聆听大师感言的平台，让读者感受到建筑背后的精妙创作理念和鲜为人知的哲学思想，在智慧之光的只言片语中感受到大师们用灵感和汗水为人们、为社会作出的贡献，也让读者陷入了深深的思考，在品读大师作品过程中寻找人生的真谛，认识到真正的自我。同时，在拜读大师作品时，对每个大师的设计风格也会了解得更加深入，他们对空间的组织、材料的细腻考量，构造的创新，空间氛围的营造，都是经过了多年设计经验的沉淀和积累。我们不应该给每位大师贴上标签，更重要的是夯实基础知识，丰富能力，在所有的设计基础都逐渐成熟饱满之后，再去思考整个设计的风格走向，才是学习的正途。

除此之外，建筑大师的成长过程也是具有一定借鉴意义的，比如学习的态度和方法，以及背后的艰苦工作。但是每个人的人生轨迹不一样，建筑大师不一定都能成为适合效仿的对象。局部的知识、内容、方法可以去借鉴学习，但是如果看着某些建筑设计中的优秀方案就去照搬，不考虑这个地方的实际情况，东施效颦，这其实是一件很危险的事。如果想学得扎实，就必须事必躬亲，切实地去了解这个行业，这样才能有所收获。

第二章　室内设计竞赛基础与前期准备

2.1 室内设计基础知识

室内设计是建立在三个界面上搭建的四维空间基础上的设计门类，是一种针对室内空间的设计行为。设计师在设计过程中应考虑局部与整体，着重于空间中的人与空间物理要素的关系，从建筑空间、室内环境到陈设软装等都包含其中。室内设计涉及的相关学科有环境心理学、人体工程学、环境物理学、设计美学、环境美学等；同时也涉及与建筑学紧密相连的相关学科，如社会学、文化学、民族学、宗教学等[1]。

室内设计中具体空间界面的设计是运用一定的物质技术手段来实现设计的概念灵感的过程。根据空间设计对象所处的特定环境，首先从建筑内部把握空间与周围的氛围基调，明确各部分的功能，进行再组织与创造，使之形成安全、卫生、舒适、优美的内部居住环境。最终设计不仅应考虑风格特征、使用价值、维护管理，还应反映场所特点、环境气氛、历史文脉等。

1. 室内设计的作用

室内设计具有以下作用。

（1）功能实用性。室内空间是人们进行生产生活活动的直接场所，因此其内部空间的整体布局、大小、形状所营造出的气氛都会直接影响到使用者的体验。设计时，应注意：首先根据人群的需要，满足其生活生产的基本需求，实现基本的实用功能。其次，建立流畅的交通流线，设计良好的采光通风环境，陈设家具多选用环保、健康的材料，有助于提供良好舒适的物理环境。实用性同时也与室内人体工程的科学性密切相关。

（2）艺术审美性。室内环境不仅仅旨在满足我们的基础物质需求，同时也应根据使用者对空间的感性体验进行有针对性的设计，满足其心理需求、情感需求、个性需求，实现居住过程中精神层面的享受。比如满足使用者在空间中的安全感、舒适感、个人偏好、审美情趣，及室内环境所体现的民族文化、地域文化、历史文脉等。

2. 室内设计的原则

室内设计还应该遵循以下原则。

（1）整体性设计原则，指室内空间整体的功能、风格、材质上的统一，在设计中应采用相似手法，使室内空间呈现协调一致的美感。

（2）功能性设计原则，指室内空间的基础使用功能，如不同功能空间的不同尺度、不同布局、界面装饰、陈设家具等对功能环境气氛的烘托。在设计中应保证手法与功能需求相统一。

---

[1] 张廷廷，毛缤韬. 室内设计与空间和界面之间的关系 [J]. 广东蚕业，2017，(12):96.

（3）审美性设计原则，指室内空间的艺术体验及美学价值。在室内设计过程中，通过形态、色彩、质感、声音、光线等多形式的设计语言体现室内空间美感。

（4）技术性设计原则，指室内设计中要求的与施工技术相关的内容，包括设计中对应的比例尺度关系、材料应用和施工技术配合的关系。

（5）经济性设计原则，指在设计中应注重生态性设计及可持续性设计的应用，通过最少的材料消耗进行集约化设计达到设计目的的过程[1]。

3. 室内设计的流派

室内设计的风格与建筑风格的历史发展紧密相连，在其演变过程中产生了以下流派。

（1）高技派。

高技派也称重技派，指在建筑理念及表现上有意突出当代工业技术的风格，通过在建筑形体和室内环境设计中暴露梁板、网架等结构构件，表达所崇尚的"机械美"。这一流派的具体特征如下：①喜欢且善用最新的材料（如铝塑板、不锈钢或其他合金材料，多使用金属作为室内装饰及家具设计的主要材料）和技术，这些材料体量轻，用料少，能快速灵活地进行装配；②暴露或强调关键结构或相关机械组织配件。如使用部分通透的、裸露机械零件的家用电器，将室内水管、风管等设备走线暴露在外；③强调新时代的审美观和技术在其中的决定性地位，在功能上多着重布置现代居室的自动化设施、视听功放等家用电器，室内艺术品多为抽象艺术风格，空间中构件节点表现出精致、细巧的特点；④认为功能可变，结构不变，表现技术的合理性和室内环境的灵活性，使空间既能适应多功能的需要，又能达到机器美学的效果。高技派风格的代表作有法国巴黎蓬皮杜艺术与文化中心（图2.1）、劳埃德大厦、吉巴欧文化中心、香港汇丰银行等。

（2）光亮派。

光亮派也称银色派，这一流派的具体特征如下：①设计时大量使用不锈钢、铝合金、镜面玻璃、磨光石石材或复合光滑的面板等装饰材料；②注重照明设计在室内空间中产生的作用，常设以镜面作为反射光照明，以增加和丰富室内空间中的灯光气氛；③多使用色彩鲜艳、款式前卫的软装陈设与照明气氛搭配。在材料选择上多选用现代加工生产的新型材料及工艺精密细致的小品构件来实现光亮效果，如以曲面玻璃、不锈钢、镜面、磨光的花岗石和大理石等作为装饰面材。在金属和镜面材料的烘托下，通过光的投射、折射来形成光彩照人、炫丽夺目的室内环境。光亮派风格的代表作有洛杉矶太平洋设计中心（图2.2）。

（3）白色派。

白色派以"纽约五"为代表，他们是以埃森曼、格雷夫斯、格瓦斯梅、赫迪尤克和迈耶组成的五人建筑组织，

---

[1] 宋颖. 基于室内空间设计与室内设计风格分析 [J]. 建筑工程技术与设计, 2017, (32): 401—401.

图 2.1 高技派代表作——法国巴黎蓬皮杜艺术与文化中心

图 2.2 光亮派代表作——洛杉矶太平洋设计中心

也被称为早期现代主义建筑的复兴主义。白色派室内空间风格为大面积使用白色，具有明显的非天然效果，空间多表现出一种超凡于尘世的气质。这一流派的具体特征如下：①空间整体十分纯净，条理清楚，局部处理干净利落，无多余细节；②运用白色材料进行空间设计时，往往倾向于暴露材料的肌理效果；③在空间组织上，多通过蒙太奇虚实凹凸的安排，以跳跃多变、耐人寻味的姿态表现出空间结构体系中的动感，赋予室内空间明显的雕塑意味；④注重功能分区，强调公共空间与私密空间的严格区分，同时偏爱建筑空间中的光影变化。白色派风格的代表作有道格拉斯住宅（图 2.3）、亚特兰大高级美术馆等。

（4）风格派。

风格派也称立体主义，是 20 世纪初荷兰现代艺术流派的一个分支。倡导艺术或空间应消除与自然物体之间的联系。这一流派的具体特征如下：①把传统的建筑语言进行弱化及剥离，变成最基本的集合结构单体，统称为元素，运用点、线、面等构成主义的最小视觉元素和三原色来表达具有普遍意义的永恒艺术主题；②把空间中的承重结构看作二维或三维的几何单体进行再创造和组合，在组合过程中保持结构的相对独立性和鲜明的可视性；③善于运用非对称手法对空间进行四维分解，反复运用基本原色和中性色来强调非对称的横纵结构。白色派风格的代表作有施罗德住宅（图 2.4）。

（5）极简主义。

极简主义也称简约主义或微模主义。它是第二次世界大战后兴起的艺术派系，是抽象表现主义的一个分支。极简主义推崇使用最简洁的结构、最节约的材料和最洗练的造型。它认为通过克制设计语言的使用以达到感官上的简洁，可使设计品位更为优雅。越简约，越能看出事物的本质。这一流派的具体特征如下：①通过符号化的设计过程，将空间元素如色彩、照明、材料等的最简化做到极致，从而彰显出室内空间中的精巧细节与精准的比例；②大面积使用白色涂料、木质铺装，并使用极少量的精致陈设，利用微妙变化的光晕、黑白颜色的强烈对比、纵深感，呈现和塑造出一种朦胧感；③追求一种纯粹的、无杂质的艺术效果，意图消解空间参与者带有压迫性的观者意识，让观者自主参与作品建构，打开环境本身在艺术空间上的意象概念，让作品不受到特定条件的限制。极简主义风格的代表作有范斯沃斯住宅（图2.5）、圣莫里茨教堂、汉诺威世博会葡萄牙馆等。

（6）装饰主义。

装饰艺术也称装饰风格或装饰风，其发展受到现代艺术运动以及"新建筑"运动的影响。区别于工艺美术上狭义的形式特点，装饰艺术特指在室内空间中观赏性大于功能性的艺术风格。这一流派的具体特征如下：①强调装饰元素的单纯欣赏性，造型上有一定幅度的夸张变形，并呈图案化趋向，比较典型的装饰图案如扇形辐射状的太阳光、齿轮形状或大量的流线型线条，是对自然界元素的感性提炼；②色彩上多重视平面空间的对比关系，通过明亮对比的色彩、复杂精巧的几何形式来打破常规，与历史上强调三维空间的透视、光影性质的流派相左，其设计元素多取材自爵士、短发、震撼的舞蹈等，象征速度、力量与变化，同时是新世纪的变革与发展的一种体现。装饰艺术风格的代表作有克赖斯勒大楼、洛克菲勒中心、帝国大厦（图2.6）等。

图2.3　白色派代表作——道格拉斯住宅　　　　图2.4　风格派代表作——施罗德住宅

图2.5　极简主义代表作——范斯沃斯住宅　　　图2.6　装饰主义代表作——帝国大厦

（7）后现代主义。

后现代主义也称后现代风格，强调建筑及室内设计应具有历史的延续性，是一种不拘泥于传统革新式的逻辑思维方式。这一流派的具体特征如下：①认为创新意味着从旧的现存体系中提炼，多利用传统部件或部分引进新的部件进行装饰，复合组成新的独特的总体，后现代主义的作品常在室内设置夸张、变形、柱式和断裂的拱券，或把古典构件的抽象形式以新的手法组合成为一个新整体；②具有象征性或隐喻性，蕴含着对现代主义中纯理性派的逆反心理，多采用非传统的混合、叠加、错位、裂变等手法和象征、隐喻等手段，来创造一种融感性与理性、集传统与现代、糅大众和行家于一体的，"亦此亦彼"的建筑和室内环境；③注重与城市文脉和原有场地的呼应，强调与现有空间环境融合，讲究人情味，欣赏街道上自发形成的建筑环境。后现代主义的代表作有波特兰市政大楼（图 2.7）、美国电话电报大楼、费城老年公寓等。

（8）解构主义。

解构主义起源于 20 世纪 80 年代，是对于现代主义正统原则和标准批判性地加以继承，其整体表现形式是对其蕴含的哲学思想的一种演化。这一流派的具体特征如下：①对空间要素进行多样化处理，通过非线性的设计手法，形成空间元素之间的变形与移位，譬如楼层和墙壁，或者结构和外廓；②在视觉效果上对传统样式进行大胆解构与创新，借助理性的元素来表达其形态中所蕴含的非理性的内涵，可控的混乱性、视觉刺激性、不可预测性是这一风格的主要特征；③从传统设计过程中使用与形式的对立转向两者的交叉与重叠的过程，通过打破传统建筑及室内设计中单元化的秩序，挑战固有的创造习惯、思维过程，是借助人们在经验主义积淀过程中形成的心理预期来进行设计的过程。后现代主义的代表作有拉维莱特公园、韦克斯纳艺术中心、阿诺夫设计与艺术中心、洛杉矶迪斯尼音乐厅（图 2.8）等。

（9）新现代主义。

新现代主义是在时代背景下对现代主义、功能主义和理性主义特点的再次结合，同时复合了更多、更独特的主观表现，是对 21 世纪设计界未来可能的发展方向的一种综合探索。这一流派的具体特征如下：①通过大量使用富有工业感的质地和线条，强调设计过程中人工与天然的主观性融合，注重实用主义和风格化的简洁设计，把局部融合到整体中，从而达到一种不自觉、不造作的美感，满足使用者对室内空间环境生理和心理的双重需求；②采用圆柱体、立方体等简单的几何造型，选材上多采用不锈钢、镀铬金属、玻璃等工业材料，在表面处理方面偏爱材料本身的质感，在设计过程中更多结合使用者提出的新需求，在现代主义主要特征中加入象征主义形式；③设计更加平民化，融合时代特征下公众提出的普适性要求，赋予场地所在地文化更多地位。在建筑和室内作品的设计过程中，通过对这些文化要素进行空间化的"化显"来进行表达。新现代主义的代表作有利玛信用银行大厦、古根汉姆现代艺术博物馆（图 2.9）等。

图2.7　后现代主义代表作——波特兰市政大楼

图2.8　解构主义代表作——洛杉矶迪斯尼音乐厅

图2.9　新现代主义代表作——古根汉姆现代艺术博物馆

2.1.1　室内设计五感

1. 色彩

在室内设计过程中，颜色能够直接影响人们的心理感受。各种色彩具有不同的特色和情绪映射，例如黄色具有活力，蓝色使人平静，红色充满激情，绿色让人放松等。因此，在空间的基础划分之后，科学地设计室内整体色调有助于环境主题的完整及使用者的心理健康（图2.10、图2.11）。

在室内色彩的选择中，除了遵守一般的色彩规律外，还应该追随时代、地域、民族的不同特色而有相应变化。同时，色彩因素中的光影因素也是影响色调的要素之一，室内色彩采光除了考虑白天的日光照射之外，还要考虑夜间的灯光色调及布局，以表达空间的层次感和明暗分布。多色彩层次的光影变换会使室内空间更加丰富多彩，给人带来多种感受。

在室内空间的色彩选择搭配方法中，应首先考虑空间使用者的需求特征，使室内设计的色调符合使用者的性格特点及心理感受、行为动线和个人喜好。通常，针对以女性为主要使用群体的室内空间有以下几种关于色彩的搭配方法。

①轻快玲珑色调。

中心色彩宜为黄色及橙色。地毯用橙色，窗帘、床罩用黄白印花布，沙发、天花板用灰色调，加一些绿色植物衬托，气氛别致。

②轻柔浪漫色调。

中心色为柔和的粉红色。地毯、灯罩、窗帘用红色加白色调，家具用白色，房间局部点缀淡蓝色，有浪漫气氛。

③典雅靓丽色调。

中心色为粉红色。沙发、灯罩为粉红色，窗帘、靠垫用粉红印花布，地板用淡茶色，墙壁奶白色，此色调适合少妇和女孩。

④清新简洁色调。

中心色为玫瑰色和淡紫色，地毯用浅玫瑰色。

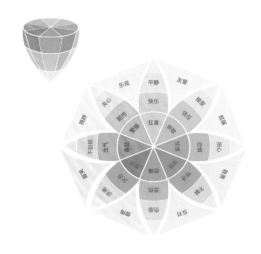

图 2.10　情绪轮盘

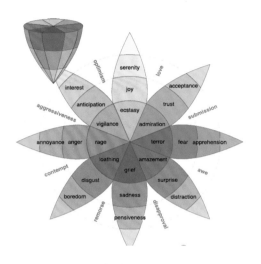

图 2.11　普洛特契克情绪轮盘

不同功能空间的室内色彩配置，可参考以下原则。

客厅是家庭中的主要活动空间，色彩以中性色为主，强调明快、活泼、自然，不宜用太清冽的色彩，整体上要给人一种舒适的感觉。卧室色彩最好宜偏暖调、柔和一些，有利于休息。书房则可根据主人品位及功能需要，多强调雅致、庄重、和谐的格调，可以选用灰、褐绿、浅蓝、浅绿等颜色，同时点缀少量字画，渲染书香气氛。餐厅部分宜营造温暖舒适的用餐氛围，多采用暖色调，如橘黄、柠檬黄、乳黄、淡绿等。厨房则以明亮、洁净类的主色调为好，可用淡绿、浅蓝、白色等轻快活泼、促进食欲的颜色。对卫生间而言，色调以素雅、整洁为宜，如白色、浅绿色等，可使卫生间空间呈现开阔、洁净之感。

一般情况下，就整体空间的色彩设计而言，可以遵循以下的基本设计过程。

首先确定地面的颜色，然后以此作为确定色彩主要基调的标准。根据地面的颜色确定顶棚的颜色，通常顶棚的颜色明度较高，与地面形成对比关系。继而确定墙面的颜色，它是顶棚与地面颜色的过渡，常采用中间的灰色调，同时还要考虑与家具颜色之间的衬托与对比。最后再根据室内主界面的色调风格确定家具的颜色，家具及陈设的颜色无论在明度、饱和度或色相上都应能与室内设计的整体风格形成和谐统一的整体。

2. 光线　（色温、照度、光源光色对应）

室内设计中的照明及光线设计主要利用照明营造室内的"光与影"，是基于室内空间中的光源变化和表现空间景深的重要方法。人造的标准光源主要有如下类型[1]。

· 模拟蓝天日光：D65 光源，国际标准人工日光（artificial daylight），色温为 6500K，功率为 18W。

· 模拟北方平均太阳光：D75 光源，色温为 7500K。

· 模拟太阳光：D50 光源，色温为 5000K。

· 模拟欧洲商店灯光：TL84 光源，欧洲、日本、中国商店光源，色温为 4000K，功率为 18W。

· 模拟美国商店灯光：CWF 光源，美国冷白商店光源（cool white fluorescent），色温为 4100K，功率为 20W。

· 模拟美国另一种商店灯光：U30 光源，美国暖白商店光源（warm white fluorescent），色温为 3000K，功率为 20W。

· 模拟指定的商店灯光：U35 光源，美国零售商塔吉特 -Target 指定对色灯管，色温为 3500K。

· 模拟家庭酒店暖色灯光：F 灯，色温为 2700K，功率为 40W。

· 模拟展示厅射灯：Inca 灯，色温为 2856K。

· A 光：美式厨窗射灯，色温为 2856K，功率为 60W。

· B 光：A 光源加一组特定的戴维斯 - 吉伯逊液体滤光器，以产生相关色温 4874K 的辐射。

· C 光：A 光源另一组特定的戴维斯 - 吉伯逊液体滤光器，以产生相关色温 4774K 的辐射。

· UV: 紫外灯光源（ultra-violet），波长为 365nm，功率为 20W。

显色指数常用来衡量光源对物体的显色能力。根据 CIE（International Commission on Illumination, 国际照明委员会）对于标准光源观察条件的规定，显色指数是指在衡量某一光源照射下，所能看到的颜色与在自然光照射下看到的颜色之间的比值[2]，Ra 愈接近 100%，所显现的颜色与在自然光照射下所显现的颜色的差异就愈小（图 2.12）。

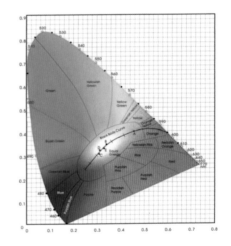

室内光源观察条件应满足以下要求：

①一个含有 6500K（或 5000K）色温，显色指数大于 95% 的发光光源；

②环境中的照度应在 2000 ～ 3000Lux；

图 2.12　CIE 同色异谱指数

[1] 马丁 . 室内设计师专用灯光设计手册 [M]. 上海：上海人民美术出版社 ,2012.
[2] 国际照明委员会 CIE 照明标准 [Z].http://www.cie.co.at/.

③环境中的照度均匀性应大于 85%；

④环境中的背景颜色应是中性灰；

⑤环境不应受到其他光线或颜色的干扰。

3. 声音

声音是室内设计中可有效通过声音氛围及声音分贝大小划分私密与公共空间的要素及措施之一。为创造良好的声音环境，我们在进行室内环境空间设计时，应充分了解材料吸声、回声指数等，对室内环境噪声进行有效控制。

关于室内环境的噪声标准，住宅室内噪声的分贝标准归为 1 类：白天不能超过 55 分贝，夜间不超过 45 分贝（表 2.1）。

表 2.1　城市环境噪声标准

类别	昼间	夜间
0 类	50 分贝	45 类
1 类	55 分贝	50 类
2 类	60 分贝	55 类
3 类	65 分贝	55 类
4 类	70 类	60 类

各类标准的适用区域如下。

①0 类标准适用于疗养区、高级别墅区、高级宾馆区等特别需要安静的区域。位于城郊和乡村的这一类区域按严于 0 类标准 5 分贝执行。

②1 类标准适用于以居住、文教机关为主的区域。乡村居住环境可参照执行该类标准。

③2 类标准适用于居住、商业、工业混杂区。

④3 类标准适用于工业区。

⑤4 类标准适用于城市中的道路交通干线道路两侧区域，穿越城区的内河航道两侧区域。穿越城区的铁路主、次干线两侧区域的背景噪声（指不通过列车时的噪声水平）限值也执行该类标准。

4. 温度

为创造良好的温湿度环境，我们在室内环境的前期设计中，应该尽可能对日照、热传导、换气等环节进行考虑，通过合理构思提出对策；并参考现有相关行业标准，根据季节差异进行划分。在室内空间环境中，最宜人的温湿度范围大致如下。

冬天温度为 18～25℃，相对湿度为 30%～80%。夏天温度为 23～28℃，相对湿度为 30%～60%。在此温湿度范围内，可使多数空间使用者感到舒适。在空调房内，室温为 19 ～ 24℃，湿度为 40% ～ 50% 时，人感到最舒适。如果再考虑温湿度对人类思维活动的影响，最佳室内温度应是 18℃。在空调房内提倡将温度设为 26℃，主要是出于节能减排的考虑。

除去标准温度的高低外，空间使用者对于空间的体验还与环境的湿度有关。夏天的时候，假设温度是 28℃，但湿度很高，如大于 80%，这时使用者常常会感到闷热，但当温度是 28℃，湿度低于 50%，闷热感则会降低。同理，在温度相同的冬天，室内湿度越高感觉越冷。

5. 湿度

室内设计参数不仅与界面的质感及视觉设计有关，同时也和室内舒适标准及卫生要求紧密联系，其中的相关标准包括室内干球温度、相对湿度、新风量、流速、噪声和空气中含尘量等六项指标。

①室内干球温度。

夏季空调应采用 22 ～ 28℃的温度。在高级民用建筑或人员停留时间较长的建筑内可取低值，一般建筑或人员停留时间短的建筑内应取高值。冬季空调应采用 18 ～ 24℃的温度。高级民用建筑或人员停留时间较长的建筑可取高值，一般建筑或人员停留时间短的建筑应取低值。

②室内相对湿度。

夏季空调应采用 40% ～ 65% 的相对湿度，一般建筑或人员停留时间短的建筑可取偏高值。冬季空调应采用 30% ～ 60% 的相对湿度。商用中央空调系统一般用于高档公寓、别墅和面积较小的办公空间、商店、餐饮空间、娱乐空间等公共场所。对于业主来说，希望空调系统能提供舒适的室内环境，同时也希望空调系统的运行费用尽可能低。在空调负荷计算方面，在夏季，室内温度提高 1℃，相对湿度提高 5%，空调负荷将降低 6% ～ 8%，因此室内设计参数如温度、相对湿度的标准不应过高。

③室内空气流速（人员活动区）。

室内空气流速对人体的舒适度也有一定的影响，夏季冷风或冬季热风流速过大，人会有不舒适感。一般夏季空气流速要求不大于 0.3m/s，冬季要求不大于 0.2m/s。

④洁净度。

民用建筑内对空气含尘量的要求不高，一般在空调新风系统中安装初效过滤器；对于要求较高的场合，可采用中效过滤器。

⑤新风量。

一般住宅的层高较低（2.8 m 左右），新风处理设备（例如新风机组）及新风管的布置将很困难，而且住宅建筑中的人员密度非常低，因此常依靠门窗渗透或间歇开窗引入室外新风来稀释室内的二氧化碳浓度，从而保证人员卫生健康要求的最低标准。对于层高较高的住宅（例如别墅），居住者有更高的舒适性要求。[1]

2.1.2　空间界面简介

与室内装饰、室内陈设相比，空间与界面处理在室内环境设计中具有先决性的重要地位。界面是构成围合空间，给使用者感知的基本载体。因此一般来说，空间设计者为了使物理环境更符合功能上的需求、审美上的价值，以及更加适应风格定位所体现的个性与文化层次，应该首先理解和掌握怎样协调和处理空间界面的方法。

在室内设计的空间营造中，界面作为各物理组成要素的主要划分方式，是通过对各细部界面的布置及分区手法来界定的。空间的范围是由各界面进行定义和围合的，因此界面承载了人的五感、动静及行为，它与建筑紧密联系。底面、立面、顶面的围合，相互之间的对比与协调，共同构建出空间参与者对环境的主观印象，可激起参与者的感性思考和共鸣，是设计中相互独立又彼此联系的重要设计环节。

1. 空间的定义与类型

"三十辐共一毂，当其无，有车之用也。埏埴以为器，当其无，有器之用也。凿户牖以为室，当其无，有室之用也。故有之以为利，无之以为用。"[2]

在中国历史上，对于空间和界面的定义最早可追溯到《老子》一书中。用三十根辐条制造一个车轮，将中间空的地方装上车轴，车轮就可以转动，车子才有了作用。用陶土烧成了器皿，因为中间是空的，器皿才有了作用。开凿门窗，建造房屋，因为其中间是空的，房屋才能住人，才能放东西，房屋也才有了它的作用。

界面对室内环境空间产生的影响和与室内环境之间的关系，体现了"有无相生"的重要意义。"有，确实能给我们带来便利，但失去了无，有也毫无意义。因此'无'方为大用。"车、器、室都是"有"，也就是有形的物质，它们给人类带来了可达的便利与可触的利益。但"无"，也就是无形的东西，比如价值观念、思维方式、审美情趣、人文素质等，诸类无形的部分有着更深远的意义。正是有了"无"，"有"才能发挥作用，同时"有"也必须通过"无"才能产生价值。有无是相生的，有无也是相对的，两者缺一不可。

Garrett Eckbo 曾说："……生存空间则要用由有形物质要素围合或组织起来的大气空间的容积来测量……一个好的三维空间中的体验是人生最大的体验之一。"

界面作为室内设计的首要要素，约束了空间的三维组织及发展。从一定意义上说，界面的特性及风格定义了空间的主要性质。界面的形成过程及建造顺序决定了空间的公共和私密导向，因此空间与界面之间的

---

[1] 住房和城乡建设部工程质量安全监管司 . 全国民用建筑工程设计技术措施：暖通空调·动力 . 北京：中国计划出版社，2009.
[2] 老子 . 老子道德经注校释 [M]. 楼宇烈，译 . 北京：中华书局，2008.

关系唇齿互生、紧密联系并相互作用，共同塑造出空间的客观性与使用者参与其中的主观体验。

空间按存在形式可分为面域空间、线形空间。

空间按心理感受可分为动空间、静空间。

空间按围合程度可分为封闭空间、半封闭空间、开敞空间。

空间按所在位置特性可分为阳角空间、阴角空间、凸空间、凹空间。

室内界面包括底面、立面、顶面。

底面是室内界面中的一种水平要素，底面作为室内设计中的第二要素，是空间中人们接触最为频繁的界面。其中铺装材料的质地、平整度、色调、图案等，都向使用者提供了大量的空间信息。而室内底板作为建筑中重要的承重要素，可界定为空间中向下的水平面，楼的底板同时也为下层天花板背面。底面的主要作用在于承载人群活动、划分空间、强化视觉效果等。按照底面的功能和表面特征可分为软底界面、硬底界面、半透明底界面、特殊界面等。

立面是室内界面中的一种垂直要素，包括墙体架构、窗户位置、走廊布局等，是住宅中被频繁使用的水平交通空间，同时是人们视线的重要承载物。室内立面的装饰主要是对室内墙体和柱体的装饰，对于空间气质和风格流派的塑造具有重要影响。

顶面是室内界面中的一种水平要素，指室内楼板下平面所营造出的顶部界面，主要由天花板构成。顶面的尺度及要求由净高构成，指楼面或地面到吊顶底面之间的垂直距离。而吊顶区别于建筑语汇中的楼板，特指房屋室内居住环境的顶部装修。吊顶具有保温、隔热、隔声、吸声的作用，同时也是电气、通风空调、通信和防火、报警管线设备等工程的隐蔽层。在室内设计中，常见的吊顶材料有纸面石膏板、装饰石膏板、塑料扣板、木质三合板、铝扣板和塑料有机透光板。其主要作用为隔热、降温，掩饰原顶棚各种缺陷，对室内环境起到装饰效果和烘托气氛的作用，在卫生间、厨房等潮湿空间内，还可以防止蒸汽侵袭顶棚，隐蔽上下水管[1]。

2. 室内设计中的空间处理

（1）分割。

分割是最普遍的空间处理方式，其主要形式有如下三种。一是实体性分割，包括使用不到顶的室内隔墙、大型家具或其他坚硬的实体性界面，来对空间进行功能和区域的划分。这种分割形式既可形成一定的视觉范围，又具有一定的透明性和开放性。二是象征性分割，包括使用栏杆、玻璃、悬垂物，或光影、色彩、涂料

---

[1] 张廷廷，毛缤韬. 室内设计与空间和界面之间的关系［J］. 广东蚕业，2017(12)：96.

等非实体的手段来划分空间。这种分割空间的方法使得界面模糊，限定度低，同时，也使得空间属性更为开放。三是弹性分割，如推拉门、升降帘幕和可移动的室内陈设等。这种分割形式灵活多变、简单实用，具有临时性和可移动性。

（2）切断。

用顶面与天花持平的家具和墙体等限定度高的实体构筑来对空间进行切割和划分。切断的处理多用于对噪声和干扰的隔离和排除，私密度和独立性非常高，更加强调对独立空间的功能要求，但同时也降低了空间与周围环境的交融性，多适用于书房、卧室等私密性要求高的功能性区域。

（3）通透。

对分割和切断而言，通透是一种反向的空间处理方式，它是指将原来分割空间的界面全部或部分除去。这种处理方式多用于对原有结构不合理的旧建筑进行重新设计及装修时使用。通过完全打通、部分打通或挖去部分隔墙体的手法来拓展原有空间、扩大空间视域、引导室外园景入内，让光线、视线、空气在室内实现无阻碍的自由整合。这种处理方式多用于对不合理的原有建筑进行更新和改造，可消除窒息或压迫感，使空间更具延伸性、互动性和流畅性，但操作上具有难度，对设备和结构有一定要求。

（4）裁剪。

在现代建筑的室内空间中，其主要结构转角处大多是90°角的矩形空间。在室内设计过程中，为破除方正空间所表现出的四平八稳、死气沉沉的呆板形象，可对部分需要突出和强调的空间采用裁剪的手法，用弧线、拆线、曲线、斜线或三角形、圆形、倾斜界面、穹顶等多种方式界定空间，破除对称感，演绎个性化的空间特征。

（5）高差。

高差包括部分抬高或降低地面或墙面，也包括部分抬高或降低顶面，使空间出现层次性的变化。通过对地面的高差处理，可实现转换空间、界定功能的目的，使人产生错落有致的主体感。通过对顶面的高差处理可增强空间立体层次感，也可丰富灯光的艺术效果。

（6）凹凸。

对空间和界面进行凹凸处理，可实现一些特定功能，如可通过凹凸处理设计工艺品陈设的高度和方位，对取暖、通风、排水设备进行有意隐藏，对杂物储藏进行规范化处理，以及进行一些特殊效果的照明布置等。凹凸既可以满足功能要求，又能丰富空间视觉体验，可达到形式与内容的高度统一。

（7）借景。

借景是一种惯用手法，指在室内环境中强调古典园林中的框景概念，利用格窗、门扉、卷帘、门洞等半通透界面，将室外景色及空气引入室内，调节室内外景观环境，拓展空间范围，创造迂回曲折的感觉，使有限的空间产生无限的视觉体验。

3. 不同功能空间设计的注意事项

（1）客厅。

客厅（图2.13）是居住者在家庭空间中最重要的起居场所，奠定了整体设计的格局及风格。在进行室内设计的过程中，客厅应格外受到重视，并对之进行合理组合。在详细设计过程中应满足空间宽敞化、空间最高化、景观最佳化的空间设计特点，同时应满足风格普及化、材质通用化、交通最优化、家具适用化、照明最亮化等特点。

在功能分区上，客厅大致可分为会客、视听的休闲活动区和联系各房间的交通联系部分，兼用餐的客厅还应增加餐饮区。在家具布置方面，客厅的家具主要有沙发、茶几、电视柜、音响柜等。可根据室内空间的特点和整体布局安排，在客厅空间中适当设置室内盆栽或案头绿化，常会给居室环境带来别具一格的生机和自然气息。在客厅区域内，现代家装习惯在电视机的背面设置景观背景墙，在设计中凸显其独特的造型、强烈的材质对比、鲜艳的色彩，使之成为装饰中的焦点，会极大影响整体空间环境的装饰风格和品位，从而凸显成为家庭环境装饰中的重中之重。

同时客厅对于明亮的采光、合理的照明和良好的通风有着较高的要求。地面宜采用地毯、地板、地砖等。以公共的洽谈区为中心，一般采取谈话者双方正对坐或侧坐为宜，座位间距离一般保持在2m左右，且室内的通行路线不宜穿越谈话区。天花对房间的温度、声学、照明都有着影响。过高的天花易给使用者清冷的消极感受，而有吊顶的顶棚有利于更好地隔声。地面要考虑安全、安静、防寒及美观等要求，可用硬质的木地板或部分特殊软质材料。

（2）卧室。

卧室（图2.14）是家庭成员睡觉休息的地方，同时也是居室中最具有私密性的空间。一般居室分为主卧室和次卧室，大空间中可涉及客房、保姆室等。主卧室空间中涉及的家具主要有双人床（有时需考虑婴儿床）、衣柜、床头柜、梳妆台、沙发、电视柜等，次卧室主要有单人床、衣柜等，对于兼作学习功能使用的卧室，还需放置书架、书桌等。对卧室空间的具体设计要求如下：①白天亮，晚上暗，空气要流通，切忌放太多的植物，灯光不应太过强烈，应以柔和光线为准；②房间门不可正对着大门、厨房门（也不应相邻）和厕所门，不可对着镜子，镜子与落地窗不宜与床相对；③床头不宜对着正房门，不可紧贴窗口，不可在横梁下，床头忌讳不靠墙，床面离地50cm；④房间应该选择吸音性和隔音性好的装饰材料，窗帘应选择具有遮光性、防热性、保温性较好的窗帘，颜色应以暖色、平稳的中间色为主。

（3）阳台。

阳台（图2.15）是沟通室内外环境的过渡场所，可为居住者提供良好的采光和景观视野。从物理空间来看，

图 2.13　客厅　　　　　　　　　　　　　图 2.14　卧室

阳台属于建筑基础空间向外的一种延伸。其基本形态一般有悬挑式、嵌入式、转角式三大类。阳台不仅是居住者接受光照、呼吸新鲜空气的基本空间，同时也是满足用户进行户外锻炼、观赏、纳凉、晾晒衣物的功能场所。按照阳台的通透和密闭程度可分为两类。①开放性阳台：不用水泥砂浆或砖直接对阳台空间进行填平，最好不对阳台做基础填平处理，如非要做填平处理可采用轻体泡沫砖，注意室内的保暖问题。②封密阳台：注意墙体保温，做保温处理前先将阳台进行封闭，做好基础防水面层，再进行保温处理和最后的饰面铺设。

（4）卫生间。

卫生间（图 2.16）是供居住者进行便溺、洗浴、盥洗及洗衣等主要家居活动的功能空间。在设计卫生间时主要考虑马桶尺寸（表 2.2）、盥洗池尺寸（表 2.3）、淋浴房尺寸（表 2.4）、浴缸尺寸（表 2.5）等。对设施进行不同的布局和组织，可实现满足不同人群和风格的卫生间设计。在现代卫生间设计中，主要影响因素趋于体现主人在生活上的洗漱习惯和对于卫生间的享受程度。而在设计过程中，营造温馨、整洁、个性化的空间环境是卫生间设计的目标。对地面及墙面要做防水处理，墙面防水处理高度为 30 cm，淋浴房墙面防水处理高度为 180 cm，如有浴缸，墙面防水处理高度应比浴缸高 30 cm。

（5）厨房。

厨房（图 2.17）是专门处理膳食的工作场所，在家庭生活中具有重要作用。厨房空间主要是用作烹饪及准备食物前后步骤的相关功能区域。为满足基本的使用功能，厨房应该配备烹饪炉灶，微波炉，电磁炉，烤箱，用于切配食物的操作台，用于清洗食物、提供烹调用水的水槽，存储餐具和食物的橱柜与冰箱等。根据厨房空间的不同设计结构、空间面积和配置设备，有时也应具备用餐、娱乐和待客等功能。

（6）餐厅。

餐厅（图 2.18）是家庭日常进餐和宴请宾客的重要活动空间。在室内装修设计中，餐厅是整个家居装修的重点之一，餐厅不仅仅是主人用餐的地方，同时也是放松心情的重要休闲场所。按功能组织及空间方位对餐厅进行划分，餐厅可分为独立餐厅、与客厅相连餐厅和厨房兼餐厅几种形式。同时按照平面布局形式又可分为 L 形、I 形、T 形等。

图2.15 阳台

图2.16 卫生间

表2.2 马桶尺寸

所占的面积尺寸	37 cm×60 cm
前侧活动区宽	不小于610 mm
两侧活动区宽	300～450 mm
有手纸盒的一侧宽	300 mm
马桶（座位）扶手高度	1010～1220 mm
座便器一侧的搁板距离	座便器中心向一侧730 mm之内

表2.3 盥洗池尺寸

悬挂式或圆柱式盥洗池可能占用的面积	70 cm×60 cm
盥洗池占地面积尺寸	90 cm×105 cm（中等）
盥洗池高度	850～1090 mm（男性）
	810～910 mm（女性）
	660～810 mm（儿童）
盥洗池深度	480～610 mm（成人）

表2.4 淋浴房尺寸

正方形淋浴间的面积	80 cm×80 cm
花洒开关高度	1010～1270 mm
门宽	610 mm
门前通道宽度	760 mm（最少）
门前通道长度	910 mm（最少）
花洒开关高度	1010～1270 mm
花洒高度	1820 mm

表2.5 浴缸尺寸

浴缸的占地面积尺寸	160 cm×70 cm
浴缸宽度	520～680 mm（内部宽度）
浴缸长度	1670 mm（可躺）
浴缸高度	380～550 mm
浴缸边矮台（可供人坐）深度	300 mm
浴缸边矮台（可供人坐）高度	450 mm
浴缸上搁板距浴缸一侧距离	450～530 mm
浴缸上搁板高度	1310 mm（最高）

图2.17 厨房

图2.18 餐厅

2.1.3　针对不同人群的设计尺度

中国已经进入老龄化社会，公共设施与现有养老需求存在严重矛盾。室内的无障碍设施几乎只能满足日常生活之需，而在规范和实际的使用上常常出现一些问题。虽然我国早已有关于无障碍设计（国外为畅达设计，Accessibility Design[1]）的相关规范，但在实施过程中，从盲道占用，无障碍卫生间、坡道使用率低下等现状上都可看出现有空间中通用设计的缺失。

在室内设计过程中，如果想要实现一种对不同人群进行针对化设计的通行标准，就需要参照无障碍设计的相关原则去细化设计过程，使得设计中的侧重面更广、更具有针对性。梅斯在 1988 年提出了一种国际认可的通用设计规范，其定义如下。

通用设计是一种设计途径，它集合了能在最大程度上适合每一个人使用的产品及建筑元素。它是指在室内设计过程中，设计者应充分考虑具有区别于普通人群生活需求的群体，如对青年、儿童、婴儿、老人、残障人士、孕妇等进行对应设计。例如对于老人来说，随着年龄的逐渐增长，他们的生理活力及行动能力逐渐下降，出现了区别于年轻群体的特殊需求和行为特征。他们对于室内空间中的休息、静养及空间安全性有着更大的要求。同时，老人也常常需要使用轮椅等辅助医疗设施，因此在室内环境空间设计中，设计者应了解老人的行为特点及人体工程学知识并在设计中加以考虑。在室内空间的相关装修设计中，老人房应相对保持清净，保持良好的通风以及相对充足的光照，远离影音室、娱乐室等嘈杂的环境，有针对性的功能性室内设计有助于提升老人睡眠质量，保障老人心理健康。

1. 针对老人的设计原则

针对老人的设计原则如下。

①防滑措施。特别是在卫生间、厨房等有水的潮湿空间，可以设置防滑地垫等。

②边缘保护。最好避免使用一些样式奇怪或带有尖角的家具，家具及墙体的阳角部分可以做成圆角或用软性材质包裹，楼梯可以加防滑条，将边缘做成圆角，防止老人磕碰。

③床铺设置。在所有卧室家具中，床铺对老人至关重要，最好用硬床垫或硬床板，方便老人夜晚翻身，纠正其脊柱健康问题；床架高低要适当，方便老人上下床及自取床边日用品。

④家具设置。设置过于柔软的沙发会让老人起身困难，过多的摆设也会增加不安全因素，家具要充分满足老人起卧方便的需求，装饰物品宜少不宜杂，置物架等重心要拉低，避免老人在取高处物件时发生意外，老人常用物品最好能摆放在中间位置。

---

[1] 格里芬. 设计准则：成为自己的室内设计师 [M].1 版. 张加楠，译. 济南：山东画报出版社，2011.

⑤装修设计。老人房设计不要太拥挤，最好有良好的朝向和宽敞的空间，这对促进老人新陈代谢、增强体质十分重要。窗台可以加宽至 250 ~ 300 ㎜，方便老人养花或扶靠观看窗外景色，房间整体色彩也应偏向古朴沉着，过于鲜艳会干扰老人的神经系统，使老人感到心烦意乱。

⑥灯光控制。灯光方面要尽量方便实用，老人房内灯光有必要做双开双控。入门、走廊、卫生间、厨房、楼梯、床头等都要尽可能安排一些灯光，考虑到老人视力会有所下降，而且晚上起夜频繁，灯光应该尽量柔和。

⑦隔音处理。老人一般睡眠较浅，喜欢宁静的家居环境，所以老人房的窗户最好选择真空隔音玻璃加上韧性好的隔音条，墙地面可以贴壁纸并使用软包材料，更利于吸收噪声。

⑧环境畅通。室内地面应处于同一水平面，各房间无障碍衔接，浴室、阳台等高差可用斜坡处理，便于使用轮椅及其他器械的老人通过，老人房的门窗要易开易关，门拉手选用旋转臂较长的，避免采用球形拉手，拉手高度宜在 900 ~ 1000 ㎜，窗台高度也应该依据老人身高适当降低。

⑨门窗牢固。不少家庭还在使用铁质或木质门窗，其实这些材质容易松脱，具有一定的安全隐患，建议换成牢固的铝合金或塑钢门窗，并增加门窗防盗设备，这样能为老人提供安全保障。

2. 针对儿童的设计原则

针对儿童的设计应满足以下原则。

（1）阳光充足。

儿童对于阳光有着特殊的喜好和渴望，同时光照丰富的住房空间更利于儿童的身心健康成长，也利于消除孩子对于环境的恐惧感，给儿童一种温馨、舒适、安全的感觉。一般室内照明分为两种，在儿童玩耍时，以室内整体照明为主。在阅读时，以局部照明为主，应达到最佳亮度。[1] 儿童房也要有较好的采光，窗外视线要尽量开阔，避免嘈杂的环境，也可以在儿童床周围安装一些床灯，防止儿童在夜晚上厕所的时候发生磕碰。儿童房灯光的照度最好是 300 ~ 500 Lux，色温一般在 3000 K 左右。除了照度外，亮度分布也一定要平均，所以儿童房最好用泛光照明，用灯带把房顶或者墙面打亮，再用墙面把光反射出来，这样的光最舒适、柔和。

（2）安全保障。

①防污染。室内污染看不见、摸不着，杀人于无形，最为诟病的就是甲醛。世界卫生组织将甲醛定为"Ⅰ类致癌物"，对免疫力低下的儿童群体伤害更大。所以在装修刷墙的时候尽量选用成品腻子，不要使用像墙纸、墙布这一类有大量粘合剂的装饰，绝对不使用"8"字头、"9"字头胶水。此外，地板和家具都要尽可能地选用表面刷环保水性漆的实木地板。

---

[1] 郑欣悦，曹雅童. 针对幼儿居住空间的室内设计［J］. 文艺生活. 2017（2）：154.

②防触电。儿童房所有的插座高度应为 90～120 cm，即幼童伸手够不到的距离，防止儿童触电，同时插座也要用防触电保护盖来增加安全性。

③防磕碰。幼儿活泼好动，好奇心强，畏惧感弱，易受到伤害。因此室内装饰要避免出现尖锐的棱角，家具要挑选稳固、耐用的，同时采用安全的圆弧形，边角光滑，不能有木刺和金属钉头等危险物，必要时再粘贴一些防护海绵。

（3）布局合理。

所谓布局合理主要是动静分区、洁污分区。统计数据表明，长期生活在过于独立及封闭空间中的孩子智力及沟通、交流能力较生活在开放活泼空间中的孩子弱。与外界交流丰富、拥有通透的视觉感受、贴近自然的设计，能给孩子带来更多开放、自由的思想和创造力。同时室内布局要解决儿童的睡眠问题、游戏和学习问题以及满足储藏功能，这样才可以考虑其他的问题。[1]

（4）层次丰富。

错落有致的空间既能给孩子增添很多乐趣，也能启发孩子的智力成长。有研究表明，生活在空间层高大、有上下楼梯、空间形态丰富的住房中的孩子智力发展更快。在材质的选择上也尽可能多样化，讲究"轻装修重装饰"，尽量多给孩子展示自己的空间。例如地面可以选择安全、耐用的材料，如软木、橡木等木质地板，不仅具有弹性，也对孩子的安全性有保障，给孩子一种舒适的感觉；在孩子使用的物品中可以多选棉、麻等布艺织物，毛绒织物的柔软质感会给孩子极大的安全感。

（5）颜色多彩。

在室内色彩的选择上，一般男孩的选择上以淡蓝色为主，女孩以淡粉色为主。儿童房的色彩要有一个主色调，而墙面的颜色起了决定性的作用，避免沉闷或有刺激性的色彩，多采用米黄色等明亮的中性色彩，定出一个较为清新、明亮的基调。家具的颜色可以更鲜亮，太深的色彩不宜大面积使用。在顶面的设计上，可以根据儿童的兴趣爱好进行设计，好的色彩搭配能促进孩子的思维发散。

2.1.4　室内装修设计材料

市场上各式各样的材料在设计师独特的搭配下，呈现出不同的室内装修风格，本章节将室内装修要用到的材料分为底面、立面和顶面三种，再选择最主流、运用较为广泛的种类，供大家借鉴参考。

1. 底面

底面装修材料最主要的功能是保护楼板及地坪，其次是达到美观实用的效果。其基本要求是达到必要

---

[1] 蒙思全．针对儿童安全性的室内设计研究 [J]．建筑工程技术与设计，2016（10）．

的硬度、强度、耐腐蚀、耐擦洗、防潮、平整等使用条件。

底面分为木质材料地板、室内地面砖、榻榻米与植物纤维材质地板和地毯。

（1）木质材料地板。

木材由于其强度高、材质轻，易于加工和表面涂饰，有绝佳的韧性和弹性，具有极高的绝缘性、隔热性和隔音性，在室内设计工程中运用广泛。再加上木材自然朴素的纹理、温暖柔和的质感是其他材料无可比拟的，因而深受设计师喜爱。

①实木地板。

实木地板是天然木材经烘干、加工后形成的地面装饰材料。又名原木地板，是用实木直接加工成的地板。它具有木材自然生长的纹理，是热的不良导体，能起到冬暖夏凉的作用，脚感舒适，使用安全的特点，是卧室、客厅、书房等地面装修的理想材料。

②人造木材地板。

用粘合剂将小木碎片或薄板拼接在一起组成的大尺寸板材，叫作人造木材。

人造木材主要分为胶合板、LVL、集成板、刨花板、MDF、OSB 等。人造木材主要用于复合地板的加工制造，例如室内铺装常用到的实木复合地板、人造板地板、复合强化地板、薄木敷贴地板、立体拼花地板、集成地板、竹质条状地板、竹质拼花地板等。图 2.19 为常用的地板材料。

实木复合地板　　竹质条状地板　　立体拼花地板　　竹制拼花地板　　薄木敷贴地板　　复合强化地板

图 2.19　地板材料

（2）室内地面砖。

室内地面砖是指贴在建筑物表面的瓷砖，是室内装修常用的地面装饰，具备耐磨、耐压、耐晒、永不褪色等功能。随着现代工艺的进步，厂家能生产出大量色彩艳丽、外形美观、光亮照人、脚感舒适的地砖，满足不同的室内装修需求。

室内地面砖常用种类有水泥花阶砖、水磨石预制地砖、陶瓷地面砖、马赛克地砖、玻璃锦砖、大理石地砖、拼花地砖等（图 2.20）。

（3）榻榻米与植物纤维材质地板。

榻榻米是一种铺在地上供人坐或卧的家具，也是一种用来装饰房间的特殊铺地材料。在室内装修时，榻榻米大部分用于房间阳台、书房或者大厅的地面。

榻榻米具有良好的透气性和防潮性，适用范围广，能够充分利用空间。

市场上常用榻榻米种类分为稻草芯榻榻米、无纺布芯榻榻米、木质纤维板芯榻榻米（图2.21）。

①稻草芯榻榻米。市场上以稻草芯榻榻米最为常见，也是最传统的榻榻米材质，造价低廉且美观实用。其缺点是需要经常晾晒、怕潮，受潮后容易长霉和生虫，并且不是很平整。随着生活水平的不断提高以及地热的出现，选购这种材质的人越来越少了。

②无纺布芯榻榻米。无纺布是一种环保可降解的材料，经过叠压编织的无纺榻榻米芯具有更稳定的效果，不易变形且能保持平整。

③木质纤维板芯榻榻米。其显著优点是平整防潮，但是不能用在地热上，因其不适用于温度过高的地方。

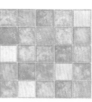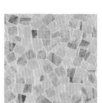

| 爵士白大理石 | 木纹石地砖 | 金花米黄地砖 | 陶瓷地面砖 | 马赛克地砖 | 拼花地砖 |

图2.20　地砖材料

| 板芯榻榻米 | 稻草芯榻榻米 | 无纺布芯榻榻米 |

图2.21　榻榻米材料

（4）地毯。

地毯是以棉、麻、毛、丝、草等天然纤维或化学合成纤维为原料，经手工或机械工艺进行编结、栽绒或纺织而成的地面装饰物。在现代化的厅堂酒店等大型建筑中，地毯已是不可缺少的实用装饰品。随着社会物质生活水平的提高，人们对生活环境品质的愈发重视，地毯以其美观实用的属性也已步入普通家庭的居室之中。

地毯具备的防潮、保暖、吸音与柔软舒适的特性，能给室内环境带来安适、温馨的气氛。它还具有吸尘的能力，当灰尘落到地毯之后，就不再飞扬，因而又可以净化室内空气，美化室内环境。除此之外还具有弹性好、耐脏、不怕踩、不褪色、不变形的特点。

地毯的常用种类有纯毛地毯、混纺地毯、合成纤维地毯、塑料地毯、植物纤维地毯等。地毯等级分类如表2.6所示。地毯材料如图2.22所示。

表 2.6　地毯等级分类

地毯等级	具体用途
轻度家用级	适用于不常使用的房间
中度家用或轻度专业使用级	可用于主卧室和餐室等
一般家用或中度专业使用级	起居室、交通频繁部分楼梯、走廊等
重度家用或一般专业使用级	家中重度磨损的场所
重度专业使用级	家庭一般不用，用于客流量较大的公用场合
豪华版	通常其品质相当于三级以上，毛纤维加长，有一种豪华气派

斑纹地毯　　花纹环绕式地毯　　碎花纹地毯　　烫金纹路地毯

竖条花纹地毯　　正负形印花地毯　　钩花式地毯　　印花式地毯

图 2.22　地毯材料

2. 立面

立面装饰的功能和目的是保护墙体以及墙内铺设的电线、水路、网线、电视线等隐蔽工程项目，保证室内环境的舒适和美观，特殊空间需要保证室内的隔音、防水、防潮、防火等功能。由于室内墙面不同于建筑外墙以及其他外部空间，质感上要求细腻安全，造型上也要兼顾美观和实用，所以色彩要根据不同的空间、不同的功能以及主人的喜好而决定。

（1）石材。

石材最大的特点就是外观上给人一种独特的奢华感，这种特性使得石材从其他材质中脱颖而出，备受设计师喜爱，通常能给室内装修增添高级感。

石材的特性为具有耐燃性、耐久性、耐水性、耐磨性、抗酸性等优点，也具有加工性差、抗击性弱、价格高、重量大、无法大块取材等缺点。

室内立面石材分类如表 2.7 所示，其中常见石材如图 2.23 所示。

表 2.7　室内立面石材分类

分　类	种　类	主要石材名称	性　质	适合打磨方式
火成岩	花岗岩	白色：稻田、北木、真壁 红色：印度红（瑞典）、红褐色（美国） 黑色：浮金、折壁、珍珠兰（瑞典）、加拿大黑（加拿大）	坚硬、有耐久性、耐磨性大	水磨面 抛光面 火烧面 斧剁面 自然断面
水成岩（堆积岩）	凝灰岩	大谷岩	质软、轻量、吸水性大、耐久性弱、耐火性强、脆弱	斧剁面 锯痕面
变质岩	大理石	白色：雪花石、卡拉拉白（意大利） 米色：罗马旧米黄（意大利） 粉色：葡萄牙玫瑰粉（葡萄牙）、挪威玫瑰粉（挪威） 黑色：残血（中国）、意大利黑金花（意大利） 绿色：深绿（中国）	石灰岩在高温、高压下结晶产生漂亮的光泽，坚硬质密、耐久性中等、惧酸，用于室外会慢慢失去光泽	抛光面 水磨面
变质岩	蛇纹岩	蛇纹、贵蛇纹	像大理石，打磨后会有黑色、墨绿、白色的美丽花纹	抛光面 水磨面
人造石材	水磨石	碎石渣：大理石、蛇纹岩	—	抛光面 水磨面
人造石材	人造石（铸石）	碎石渣：花岗石、安山岩	—	斧剁面

  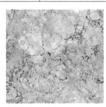 

自然石　　　　　人造石　　　　　自然石　　　　　大理石

图 2.23　常见石材类型

（2）涂料。

涂料除了可以增加视觉美感、光泽度之外，还能对被涂物起到保护、增添特殊功能的作用。

不同种类的涂料可达到防污、防虫、防尘、耐热、耐火、荧光、除臭等作用。

涂料分为墙面涂料、墙面漆、有机涂料、无机涂料、有机无机涂料。常用涂料如图 2.24 所示。

（3）壁纸。

壁纸作为一种室内常用的装饰工艺品，能提升整个家居的视觉美感，让室内家居变得更时尚、更具风格特色。

壁纸有以下几个特性。首先，壁纸具有很好的耐磨性、抗污染性。现在厂家生产的很多壁纸表面都有一层防水膜，当壁纸脏了后可以用洗涤剂或者软毛刷清洗。其次，壁纸作为现代工艺品装饰效果很强，因为壁纸有丰富的图案和颜色，能体现出不一样的视觉效果，这是其他墙面材料所不能达到的。再次，现在很多壁纸都是天然材料，舒适透气、环保安全。最后，随着现代技术的进步，壁纸的耐磨性和防潮性不断增强，使用寿命也不断延长，也便于更换，操作流程简单易懂。

壁纸可分为纸面纸基壁纸、纺织物壁纸、天然材料壁纸、塑料壁纸（图 2.25）。

市面上壁纸的规格常分为窄幅、中幅、宽幅，详见表 2.8。

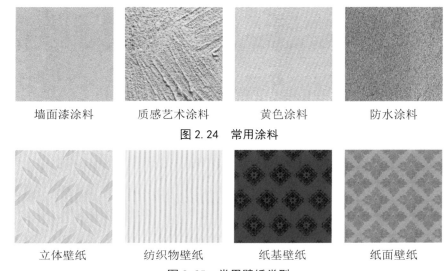

| 墙面漆涂料 | 质感艺术涂料 | 黄色涂料 | 防水涂料 |

图 2.24　常用涂料

| 立体壁纸 | 纺织物壁纸 | 纸基壁纸 | 纸面壁纸 |

图 2.25　常用壁纸类型

表 2.8　壁纸规格

规　格	具 体 尺 寸
窄幅小卷	幅宽 530～600 mm，长 10～20 m，每卷 5～6 m²
中幅中卷	幅宽 760～900 mm，长 25～50 m，每卷 20～45 m²
宽幅大卷	幅宽 920～1200 mm，长 50 m，每卷 46～90 m²

（4）挂帷遮饰类纺织品。

挂帷遮饰类纺织品是挂置于门、窗、墙面等部位的织物，室内常用的织物有薄型窗纱，中厚型窗帘、垂直帘、横帘、卷帘、帷幔等，纺织类材料如图 2.26 所示。

挂帷遮饰类纺织品可以用作分割空间的屏障，具有一定的隔音、遮蔽、美化环境等作用。

挂帷遮饰类纺织品主要形式有悬挂式、百页式两种。

（5）瓷砖。

瓷砖是以天然黏土以及含有岩石成分的石英、长石等为原料烧制成薄板状的陶瓷装饰材料。

瓷砖具有耐火性、耐久性、抗药性、耐候性等优点，同时也有抗击性弱等缺点。

瓷砖可按照其用途、质地、形状、尺寸以及施工方法进行分类，按照烧制温度可分为瓷质砖、炻质砖、陶制砖等。

刺绣悬挂式窗纱

麻布悬挂式卷帘

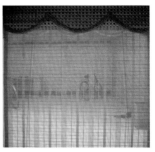
薄型窗纱

百页式窗帘

图 2.26　纺织类材料

3. 顶面

　　顶面原本属于立面的一部分，随着室内装修工程的专业化，顶面逐渐被划分成一个独立的部分。其功能是保护顶部铺设的管道、电线等隐蔽工程项目，选用材料不仅要具备基础的隔音、防水、防潮、防火等功能，还要具有一定的耐脏、轻质等性质。因顶面位置较高，色彩上宜选用简洁、明快、浅淡的色调，不宜采用深色调。常见的顶面颜色多为白色，白色可增加光线的反射力，增加室内的亮度。常见的吊顶造型形式有平面式吊顶、凹凸式吊顶、悬吊式吊顶、井格式吊顶、玻璃式吊顶，这些变化丰富的顶面装饰为室内增添了迷人的艺术效果。

　　（1）矿物吸声板。

　　矿物吸声板是用矿物质加工制成的板状装饰材料，具有显著的吸声性能，在室内装修中应用广泛。

　　矿物吸声板具备防火、隔热属性，有些矿物材料可以在表面加工出各种独特的造型，因此具有优越的装饰性能，满足个性化装修需求。除此之外，矿物吸声板也是一种对人体无害，健康环保、可循环利用的绿色建筑材料。

　　矿物吸声板主要分为以下几类。

　　①石膏板主要以建筑石膏为主要原料，具有重量轻、强度高、厚度薄、加工方便以及隔音绝热和防火等优点，同时因其质地脆，易于加工成型，广泛适用于住宅、办公楼、商店、旅馆和工业厂房各种建筑物的内隔墙、墙体覆面板（代替墙面抹灰层）、天花板、吸引板、地面基层板和各种装饰板等，是当前迅速发展的新型轻质板材之一。石膏板可分为纸面石膏板和装饰石膏板等种类。

　　纸面石膏板为以石膏料浆为夹芯，两面用纸作护面而形成的一种轻质板材。纸面石膏板具有质地轻、强度高、防火、防蛀、易于加工等优点。普通纸面石膏板可用于内墙、隔墙和吊顶。经过防火处理的耐水纸面石膏板可用于湿度较大的房间墙面，例如卫生间、厨房、浴室等贴瓷砖、金属板、塑料面砖墙的衬板。

　　装饰石膏板为以建筑石膏为主要原料，掺加少量纤维材料等制成的有多种图案、花饰的板材，如石膏印花板、穿孔吊顶板、石膏浮雕吊顶板、纸面石膏饰面装饰板等。它是一种新型的室内装饰材料，适用于中高档装饰设计，具有轻质、防火、防潮、易加工、安装简单等特点。特别是新型树脂仿型饰面防水石膏板，板面覆以树脂，可用于装饰墙面，做护墙板及踢脚板等，是代替天然石材和水磨石的理想材料。

②矿棉板。以矿物纤维棉为原料制成，具有很好的吸声、隔热及环保效果，因此多用于温度高、需要隔音的场合。矿棉板表面易于加工，可以进行图案的绘画和雕刻，为设计师提供更多的样式选择。

③硅钙板。又称石膏复合板，是一种多元材料，一般由天然石膏粉、白水泥、胶水、玻璃纤维复合而成。在外观上保留了石膏板的美观，其质量轻，强度大，性价比高。

（2）木质装饰板。

木质装饰板（图2.27）是利用天然树种装饰单板或人造木质装饰单板通过精密创切或旋切加工方法制得的薄木片，贴在基材上，采用先进的胶粘工艺，经热压制成的一种高级装饰板材。木质装饰板主要使用在商务办公区、多功能厅、会议厅、演播厅、影剧院、音乐厅、酒店、高级别墅或家居生活等场所。

木质装饰板具有传统装饰板隔热、防火、防尘、质轻、不改性、不腐烂等特点，更具吸声效果佳、强度高、装饰性好、施工方便、环保性能优的特点。

木质装饰板分为木丝板、软质穿孔吸声纤维板、硬质穿孔吸声纤维板等。

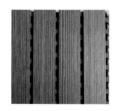   

槽型吸音板　　　　拼花装饰板　　　　细直纹波浪板　　　　木丝板

图2.27　木质装饰板材料

（3）金属吊顶板。

金属吊顶板是用金属材料制成的吊顶板材。

金属吊顶板具有保温、隔热、隔声、吸声的优点。因其颜色多、装饰性强等特点而被广泛用于室外幕墙装修和室内高档家居装饰等方面。

金属吊顶板分为铝合金吊顶板、金属吊顶网板、穿孔吸声吊顶板、铝扣板（图2.28）。

  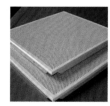 

铝合金吊顶板　　　金属吊顶网板　　　穿孔吸声吊顶板　　　铝扣板

图2.28　金属吊顶板材料

（4）桑拿板。

桑拿板是特种吊顶材料，是专用于桑拿房的原木板材，以插接式连接，易于安装，卫生间、阳台、飘窗、局部墙面等均可使用，属于高档材料。桑拿板经过高温处理，能耐高温，不易变形。

（5）集成吊顶。

集成吊顶是 HUV 金属方板与电器的组合，分为取暖模块、照明模块、唤起模块。

集成吊顶具有安装简单、布置灵活、维修方便的特点，成为卫生间、厨房、办公室吊顶的主流。为改变天花板色彩单调的不足，集成艺术天花板成为市场的新潮。部分集成吊顶材料如图 2.29 所示。

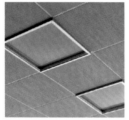

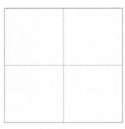

金属方板　　　　镜面集成板　　　　覆膜镜面板　　　　四角银边直面板

图 2.29　集成吊顶材料

（6）龙骨。

通常看到的天花板，特别是造型天花板，都是用龙骨做框架，然后覆上石膏板加工而成。

龙骨主要分为轻钢龙骨、木龙骨、铝合金龙骨、钢龙骨（图 2.30）。

①轻钢龙骨。轻钢龙骨以优质的连续热镀锌板带为原材料，其材质是金属，具有硬度大、质地轻盈的特点，多运用于需要承重的吊顶之中。

②木龙骨。木龙骨又称木方，是一种由松木、椴木、杉木等天然木材加工成截面为长方形或者正方形的木条，主要用在吊顶的外层，起着承受装饰油漆，为吊顶添加色彩的作用。

③铝合金龙骨。该龙骨材质是铝合金的，质地轻而坚固，性能优越，应用于重要场合的吊顶。

④钢龙骨。该龙骨有刚质的材质和结实的质地，质量较重，但是能支撑起较大的重量，多用于要承重的吊顶中。

轻钢龙骨　　　　木龙骨　　　　铝合金龙骨　　　　钢龙骨

图 2.30　龙骨材料

2.1.5 室内装修风格

室内装饰风格是基于文化背景与地域特色的研究，提取原元素加以设计，营造出特有的空间氛围。随着大众审美水平的不断提高，越来越多的装修风格开始融入到家居装饰中。目前市场上呈现出"重装饰轻装修"的趋势，室内装饰风格的塑造大多体现在软装上，具体细节根据业主和设计师审美与喜好来决定。本章主要为大家介绍目前较为流行的七种室内设计风格。

1. 新中式风格

新中式风格灵活运用中式元素，追求一种端庄含蓄、修身养性的生活境界，营造具有东方韵味的精神花园。此风格吸收借鉴传统文化的精髓，却不拘泥于形式，大胆融入新的元素，更契合当代人对居住环境的需求，在细节上添加更多的人性化设计。其在色彩搭配上，以黑、白、灰及沙色为基调，软装家具则多采用米白、米黄等柔和的颜色，除此之外，格外重视绿植的搭配，常选用树雕、盆景或者绿萝、凤尾竹、滴水观音等观叶植物，为室内增添生机。新中式风格在材质的选择上常使用各类木材，多以仿花梨木和紫檀木为主，打造出特色家具，如屏风、圈椅、茶几、月亮门等。此外还常用到精致的丝、纱、织物、大理石、仿古瓷砖等（图2.31～图2.33）。

图2.31　中式大厅效果图

图 2.32　中式餐厅效果图

图 2.33　中式大堂效果图

2. 日式风格

日式风格受到日本和式建筑的影响较大，讲究空间的流动与分隔。流动则为一室，分隔则成为数个功能不同的空间，其最具特色的空间就是和室。和室由两面材质为半透明樟子纸的拉窗和拉门围合而成，光透过拉窗，柔和地反射在榻榻米和叠席上，渲染出宁静、和谐的氛围，总能让人静静地思考，颇具禅意。日式风格在色彩搭配上以白色、木色等清新淡雅的颜色为主，打造静谧的空间环境，也擅长借助自然景色为室内带来蓬勃生机。日式风格在材料选择上追求自然纯朴的效果，常用木材、棉麻、丝质以及纸质材料。最具代表性的日式家具有榻榻米、床榻、矮柜、书柜、壁龛、暖炉台、木格拉门等（图2.34～图2.36）。

图2.34 日式餐厅效果图一

图2.35 日式餐厅效果图二

图2.36 日式包间效果图

3. 东南亚风格

东南亚风格是在东南亚民族岛屿特色和传统文化结合的基础上加以提炼升华而形成的一种装饰风格。在材料上广泛地运用木材和其他的自然原材料，如藤条、竹子、石材、青铜和黄铜，局部采用金色的壁纸、丝绸质感的布料，给人亲切质朴、舒适自然的视觉感受。绿植多为热带植物，颜色丰富、生命力旺盛，增添室内清爽气息。此风格在色彩搭配上较为浓郁，常以原木色、黄色、金色以及棕色为基调。但为了避免空间产生压抑感与沉闷感，在软装上善用大胆热情、夸张艳丽的色彩，带来极强的视觉冲击效果。除此之外，空间内极其喜爱摆放具有地域文化特色（宗教信仰）的家具，例如佛手、佛头，以及用椰子壳、果核、香蕉等为材质手工制作的生态装饰品，其色泽肌理具备独特的自然美感（图 2.37～图 2.40）。

图 2.37　东南亚式大堂效果图

图 2.38　休息区效果图

图 2.39　等候区效果图

图 2.40　入口局部效果图

4. 经典欧式风格

经典欧式风格是一种源于欧洲、历史悠久的室内设计风格。最大的特点就是造型讲究、端庄典雅、注重对称的空间美感。此风格在材质选择上一般采用樱桃木、胡桃木等高档实木，地面多铺设大理石，为避免僵硬冰冷的感觉，采用纷繁的古典窗帘、花纹墙纸、厚重质感的地毯来营造柔美华贵的氛围。在色彩搭配上，经常以白色、黄色为基调，局部使用金色、深棕色等。壁炉是欧式风格中的经典家具，整个室内空间以此为中心，搭配经过雕刻的曲线形宽大沙发、躺椅和造型精巧的水晶吊灯，给人带来大方典雅、温馨华丽的直观印象（图2.41～图2.45）。

图2.41　客厅效果图

图2.42　休闲区效果图　　　　图2.43　壁炉效果图　　　　图2.44　餐厅效果图　　　　图2.45　洗手间效果图

5. 北欧风格

北欧风格以其简洁、自然、人性化的设计特点风靡全球，在材质选择上崇尚原木纹理，上等的枫木、橡木、松木和白桦是打造北欧家具的主要材料，同时会采用金属、棉麻、毛绒织物、彩色墙漆等材质来丰富空间环境。北欧风格在色彩搭配上常选用低饱和度的颜色，例如浅蓝、白色、粉红等，善于运用绿色植物增添室内活力色彩，整体呈现出清爽宜人的气氛。北欧风格注重人性化关怀，体现在家具设计上则是每件家具都充分考虑人体工程学，细节处理自然，力求提供舒适的居住环境（图 2.46～图 2.48）。

图 2.46　卧室效果图一

图 2.47　卧室效果图二

图 2.48　过道效果图

6. 工业风格

工业风格善于运用几何形体，以点、线、面等元素打造出颇具现代科技氛围的居室环境。设计师通常将直、曲、折弯等造型模式经过客户个性化定制组合后，运用到室内空间之中，例如采用金属框架的吊顶、原色皮质沙发、几何外形的家具及装饰品，具有视觉冲击力，迎合了当下年轻人的心理需求，在年轻人中颇为流行。大量使用金属材料，但是过多地使用金属材料会显得沉闷和压抑，针对这种情况，一般的处理手法是在居室中添加一些木质材料，温馨的木色能起到过渡作用，还可加入小型绿植，以活跃氛围（图2.49～图2.51）。

图 2.49　公共区域效果图

图 2.50　休息区效果图

图 2.51　过道效果图

7. 田园风格

田园风格（图 2.52 ～图 2.54）是一种以"返朴归自然"为精神主题的设计风格，在室内环境中力求回归悠闲舒适、自然野趣的田园生活情趣，所以通常选用天然木材、石头、藤条、竹子等较为朴素的材质。硬装简朴大方，力求生态自然，软装多选用手工编织物以及柔和的棉麻材质。室内色彩搭配上通常大胆使用蓝色、黄色、红色，直观反映多彩的大自然景象。室内绿植按主人喜好选择、布置，多用于陶冶情操，活跃氛围。家具材质多使用松木、椿木制作，全手工雕刻，呈现纯朴自然的质感。

图 2.52　客厅效果图

图 2.53　卧室效果图

图 2.54　餐厅效果图

2.2 日常知识积累

2.2.1 案例赏析

1. 办公空间

（1）办公空间的产生与发展。

近代办公室诞生于 19 世纪末。工业革命带来生产方式的变革，彻底改变了人们的生活与工作模式。在工业时代，生产活动追求经济与效率，办公空间由最初的单人或小型办公空间逐渐转变成能够容纳几十甚至上百人的大型空间。当时办公崇尚"科学化管理"，因此在当时的办公空间的设计中，重视合理性与逻辑性，工作流程被细分与标准化，办公空间成为另一种意义上的工厂。

20 世纪 60 年代，"风景化办公"的思想开始产生：传统的程式化办公布置被取消，上下级关系在办公空间中弱化，活动隔断代替实体隔墙，家具被随意分组，空间中增加了绿化进行点缀。这种思想强调办公中的人际交往与活动，是对早期办公理念忽视人性的一种反思。20 世纪 70 年代以实验性办公空间为主流。"单元化办公"和"组合办公家具"相继出现，"风景化办公"的理想主义概念被效率与弹性的考虑所替代。[1]

信息时代的到来再次革新了办公的方式与概念。传统办公空间的设计局限于冰冷严肃的办公氛围或者空间划分严谨的格子间，而在现代办公空间中，集体合作、集体解决问题是其重要内容，不再偶尔利用缺乏个性的会议室和私人办公室。办公空间设计重视给员工提供团队合作的空间，使多种不同学科交叉的工作集体拥有一个鼓励交流与合作、刺激创新思维的办公空间。开放式办公空间的设计正在成为潮流。开放式的办公室设计在空间的利用与功能区域划分上面有着特殊的设计要求，这样的设计理念让整个空间变得趣味无穷，增加了许多环境体验。办公区域的功能在设计中也变得极为丰富，开放的空间不仅充满了企业文化与特色，更是融入了娱乐、健身、影院等休闲功能，力图为员工提供更好、更为放松的工作环境，以增强员工的归属感。[2]

同时，信息技术的发展使办公从实体向虚拟方向发展。计算机设备成为办公空间不可或缺的设施，办公空间中也随之增加了更多的线路与端口设计。在计算机辅助办公的同时，多媒体技术以及虚拟现实技术进一步发展。区别于传统的会议，功能强大的网络媒体设备克服了空间的限制，远程会议使分布于不同地点的工作人员得以便捷地沟通合作。新型的工作模式必然带来新的空间需求，多媒体化、多功能化以及智能化办公空间设计成为大势所趋。除此之外，办公室设计新理念还有环保型设计、生态化设计等。办公空间的设计中不仅要考虑舒适性设计，还需要考虑绿化与节能。自然采光、有效组织的自然气流、高效节能的双层幕墙

---

[1] 张黎. 现代办公空间的设计百年：效率、等级与身份 [J]. 装饰，2012(11)：14-21.
[2] 李洋. 办公空间室内设计发展历史的回顾与启示 [J]. 内蒙古农业大学学报（社会科学版），2009，11(3)：330-332.

体系以及节能设备的广泛应用，将极大提高办公楼的使用品质及舒适度，不仅节约能源，还体现出可持续发展的思想。[1]

（2）办公空间的类型。

办公空间有以下4种类型。

①隔断式：通过硬质隔断，将办公室划分为一个个独立的小空间，各空间内的工作人员独立工作，互不干扰。

②开敞式：指建筑内部办公环境中无墙体和隔断阻隔，仅以家具和设备组合形成的空间环境，是典型的现代办公空间形式。

③组合式：组合式办公相对于开敞式办公提高了空间的可监督性，员工之间的凝聚力增强。

④复合式：集合了开敞式与隔断式办公空间设计的优点，办公模式更加紧凑，在空间的使用上更加经济高效。

（3）案例。

现代办公空间的设计手法综合多样，不拘泥一格，在此以华中科技大学指挥中心为例（图2.55）。在这个案例中，设计者考虑到了各类型办公人员不同的办公需求与工作模式，并依此设计了功能不同的各类型空间。行政、管理行业工作文书任务重、独立性强，需要互不打扰的工作环境，因此在案例中设计了部分隔断式办公空间。指挥中心设有新媒体团队，专门负责指挥中心的宣传与发布信息等任务。针对这类需求，设计者在设计中划分出一块公用办公场地，其座位以围合的形式为主，以供新媒体成员进行团队合作与交流。此外，指挥中心负责人非常重视会客与洽谈区域的设计。在会客空间的设计上，设计者运用玻璃墙将小型会客区域划分出来。在此区域中，私密性与公共性随时可以进行转换。玻璃墙内设计有收缩的幕帘，将幕帘放下时，会议室成为一个私密空间。而将幕帘收起时，玻璃墙在空间中尽管起到了空间划分的作用，却并未阻隔视线，会议室内外的光线交融而混合，又成为一个公共性的空间（图2.56）。

图 2.55　华中科技大学指挥中心办公室效果图一

图 2.56　华中科技大学指挥中心办公室效果图二

---

[1] 鲁娜. 弹性办公方式下的室内环境设计趋势研究［J］. 大众文艺,2014(13):87-88.

2．居住空间

衣、食、住、行组成了我们生活的四大活动，其中"住"则与居住空间紧密相关。现代居住空间主要有别墅、集合单元式住宅、平房等几种形式。而具有现代意义的居住空间主要体现在个性化、人性化、绿色生态以及人文精神追求等方面。居住空间的设计具有个体化的差异，因年龄、文化程度、经济收入、工作性质、个性差别、生活经历等的不同而不同。在公共空间中，人的个性容易被群体的公共性所掩盖，而居住空间往往是以个人或一个家庭的喜好倾向为主导的个性化的特殊空间。居住空间的形式充分体现了主人的性格、爱好以及审美情趣。

（1）弹性空间设计。

一般来说，人们会在居住空间内度过一半的日常时间。除睡眠时间以外，人在居住空间中还有着丰富的日常活动。这些日常活动大致可分为家务活动、文化活动、社会交往活动以及基础日常活动等。家务活动即卫生打扫、洗衣清洁等活动；文化活动即观影、读书、写作等活动；社会交往活动主要指家庭成员间以及家庭与外来成员间的交往活动；基础日常活动主要指进食、睡眠等。不同的活动对应不同的空间设计要求。居住空间的休憩区域（如卧室），需要较高的私密性，而作为接待客人的客厅则是相对开放的。不同的空间性质需要统一融合在同一个居住空间内，而单元空间中可能需要承载不同的活动与功能。

因此，居住空间设计要具有弹性和超前性。一般情况下，普通的居住空间按基础户型对居住空间进行调整设计，在适当的范围内留有改造和调整的空间，以便于以后的改造和调整。而在现代设计中，基于家庭成员或者家庭活动的变化，灵活的分隔系统更受顾客欢迎。传统的实体隔墙开始转为轻质隔墙，同时可移动的隔断设计为室内居住空间带来更多的变化与可能性。[1]

（2）适老性家居设计。

现代社会老龄化趋势日渐明显，未来老年人将在居民人口中占更大的比例。这种情况下，适老性的城市设计、适老性的家居设计的需求也越来越被人重视。

人体机能在进入老年后有不同程度的退化，生理机能、运动能力和视物能力都有所减弱。[2] 适老性设计即在常规设计中采取相应措施，使室内居住空间更适宜于老年人使用的设计。设计中需要照顾老年人的生理、心理变化。例如，老年人的感知能力与反应能力相对下降，在设计中要尽量贴近老人的日常生活习惯，室内空间要相对固定；同时针对老年人运动能力下降的情况，在居住空间设计中要重视无障碍设计，减少地面高差，采取防滑措施以及设计抓握辅助设施等。除此之外，针对有特殊要求的人群，例如坐轮椅的残障人士，

[1] 龙思涛．居住空间设计思想的转变与新理念分析 [J]．居舍，2017(20)：63-64.
[2] 盛建荣，刘通，盛立．老年人居住空间研究 [J]．华中建筑，2009，27(3)：48-50.

需要根据轮椅使用尺度进行室内设计。[1]

（3）案例。

"见需行变"灵活居住空间设计案例由华中科技大学钟青、文玉丰、梁臻宏设计。设计背景基于租售并举政策下的社会租赁现状——青年白领阶层难以负担买房费用，租房需求大。以工作时常调动的人群或自由职业者为例，这部分人群常在某一个地方生活数月或数年，随后搬去下一个地点。他们在不同的地点工作都有租房的需求。因此，出租房流动性大，不同人群有不同的需求。而可移动的墙体设计带来了多变的空间结构，以适应未来可能的改变。

该案例从实际问题出发，以折纸为元素，设计可移动与重叠的墙体，并着力于解决被大多数人忽视的群体性问题。方案中采用了灵活多变的家具设计，结合折叠隔断设计，为空间赋予更多的功能，使其能满足不同人群的需求（图2.57）。在不大的空间中，设计者沿公共空间与部分私密空间布置了移动轨道。通过移动轨道，居住者可以灵活调整与安置移动隔断，以分隔出自己所需要的空间。移动隔断以轻质纸浆压制而成，并经过防水、防火的特殊处理，是一种新型的轻质建筑材料。通过与移动轨道结合，使用者可以营造一个连续开放的室内环境。室内空间可以随意在不同的功能间自由转化，将空间的利用率最大化。除了可移动隔墙外，设计者在居住空间中采用了许多可折叠的家具设计（图2.58）。这种可折叠家具突破了传统家具单一的设计模式。通过折叠的方式，可以将大面积或者大体积的家具尽量压缩。多功能的家具在外观上拥有独特的设计美感，同时十分实用，适合各类中小户型以及需求种类多样的空间。实际上，该案例的设计者运用的就是弹性设计的手法，将空间的可能性最大化，预想多种可能，达到较好的设计效果。

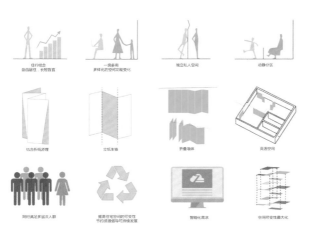

图2.57　"见需行变"灵活居住空间设计理念

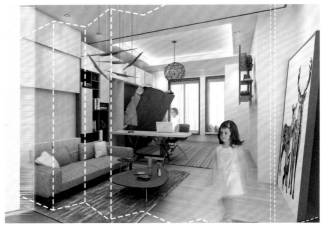

图2.58　"见需行变"灵活居住空间设计效果图

---

[1] 张蕾．张品．老年人居住空间中卫生间无障碍系统设计的研究[J]．包装工程，2003，24(6)：94-95.

3. 餐饮空间

（1）餐饮空间的类型。

餐饮空间按经营类型可大致分为中餐厅、西餐厅、主题餐厅、咖啡厅、快餐店等。

①中餐厅。

中餐厅是我国市场上最为常见的形式之一。中餐厅的设计依托于中国传统文化，以中式菜肴为主，是最受广大家庭欢迎的聚会请客的消费场所。因此在中餐厅的设计中，餐桌以中式的方桌或圆桌为主。除体现文化因素外，依据客源的类型，餐厅要设置一定数量的雅间或包房，以供聚会或请客的顾客使用。

②西餐厅。

西餐厅是一个笼统的分类。其可依据不同的国家特色细分，例如法式餐厅、意大利餐厅等。西餐厅的设计基于不同国家的文化背景，需要考虑不同的饮食习惯与餐饮流线。[1] 其装饰需要符合本国的文化特色，重视对餐厅情调与氛围的营造。

③主题餐厅。

主题餐厅重视餐饮环境的内在文化含义与价值。文化故事、历史传统甚至网络流行都可以成为餐厅表现的主题。消费者在特定的主题环境中，能够感受到共鸣或者产生新奇感，在就餐过程中满足自己的文化喜好，不仅是在享用美食，同时也是为了满足内在情感。现有主题餐厅种类繁多，也是为了应对社会需求的多样性。

④咖啡厅。

咖啡厅源于西式的饮食文化，其定位一般为提供咖啡、饮料的休闲场所。人们倾向于选择咖啡厅进行休闲与较为私密的交际。在空间的要求上，要求装饰与尺度令人感到亲切与放松。咖啡厅内部空间较为通透，座位布置灵活，以散座与卡座为主，在空间中设置各类轻质隔断进行分隔，在保证整体空间通透性的同时，也具有相对的私密性。

⑤快餐店。

快餐店来源于快节奏的生活，工作日人们在饮食上不愿花费过多的时间，因此促进了快餐店的发展。人们熟知的肯德基、麦当劳以及后来的中式快餐都是快餐，在这种餐厅中，食品多为半成品加工，因此厨房的设计面积更小，而座席占据的面积更大。部分快餐店会设置专门的外卖窗口。快餐店的室内设计简洁明快，明亮的灯光与色彩消去暧昧的氛围，让人进食速度加快，在某种程度上加快顾客的流通。

⑥酒吧。

酒吧的营业时间往往在夜幕落下之后，为忙碌一天的消费者提供自由放松的休闲场所。酒吧的装饰氛

[1] 张绮曼，郑曙旸. 室内设计资料集 [M]. 北京：中国建筑工业出版社，1991.

围大多热烈浓郁，充满独特的个性。依据其定位的不同，或设有舞池，或设有驻唱舞台，相较于以饮食为主的餐厅来说，酒吧的社交氛围更为重要。一般来说，其主题性强烈，装饰手法夸张多样，个性鲜明甚至于怪异，仿佛是对严谨的工作与社会生活的反叛。[1]

（2）案例。

餐饮空间设计追求舒适宜人的空间与鲜明的品牌表达。特别是餐饮连锁店以及品牌店的室内设计必须具有品牌特色，才能够使人印象深刻，愿意再次消费。以华中科技大学胡雯同学所设计的东来顺品牌餐饮空间为例。东来顺品牌餐饮空间的设计风格是为古朴中式（图2.59）。该餐厅的主要菜式是新湘菜，在设计上，以湖南民居的形式塑造室内空间，有点幽暗的色系可以给人私密感。在设计元素上，该案例运用了花雕窗、鸟笼灯、佛像、挂画等中式元素来塑造古朴的感觉。室内装饰颜色以象征辣椒的红色以及孔雀蓝为主，在木色的古朴中跳脱出活泼的感觉。

餐饮空间是一个公共空间，但是顾客在这个空间内却不仅进行着公共活动，也有私人行为。人们乐于与他人分享食物的美味，才有了在餐厅聚集的行为。因此，尽管餐厅是一个公共空间，其私密性却也同样重要。在东来顺品牌餐饮空间设计中，设计者通过中式屏风与多宝格将餐饮空间划分为散座与卡座两块区域。散座的布局灵活，可以随意布置甚至拼座，以供不同数量的顾客使用。卡座之间通过屏障与栅格遮挡视线，保证了用餐顾客的私密性。在该案例中，顾客流线与后厨工作流线是分隔开的，两条流线互不干扰，菜品通过送餐窗口分发到服务员手中，再由服务员送至各顾客的餐桌。

图 2.59　东来顺品牌餐饮空间效果图

---

[1] 汪帆. 各类餐饮空间设计初探 [J]. 安徽文学, 2009 (10): 169.

4. 康体娱乐空间

康体娱乐是与工作相对的概念。康体娱乐空间就是人们在工作之余进行健身、聚会、观看表演、放松身心的场所。康体娱乐空间按其提供的服务不同,划分为不同的空间类型。而依据不同的服务功能,各类空间有其独特的设计目的与设计要求。

(1)康体娱乐空间的类型。

康体娱乐空间依据其提供的服务可大致分为文化娱乐空间、健康健体空间以及会所等。文化娱乐空间主要是指以文化歌舞、音乐剧目、电影故事欣赏为主的空间,如电影院、剧院、卡拉 OK 等。健康健体空间则为人们提供锻炼设施、课程与空间以及保健服务,如健身房、足浴桑拿馆、美容院以及各类体育场馆等。会所是某类爱好者或者从业者的聚集交流场所,其性质类似于高级俱乐部,其空间设计与大众娱乐空间相比更注重私密性。[1]

(2)康体娱乐空间的空间布局。

不同类型的康体娱乐空间具有不同的设计要求。例如电影院与音乐厅对声学设计要求较高。电影院需要较强的隔音设计,以避免各个影厅之间的声音相互干扰,以达到优秀的视听效果;而音乐厅的场地面积相较于单一影厅的面积更大,在空间中不仅需要注重声音的隔音设计,更要注重声音的混响设计。除去声学设计外,歌舞厅的空间设计重视舞池的设计与交通组织;在卡拉 OK 的空间设计中,需要灯光设计营造环境的整体氛围;而桑拿洗浴中心则需要设置休息区、湿蒸区、干蒸区等独特的功能空间。

(3)康体娱乐空间的环境设计。

不同的康体娱乐空间应依据功能进行灵活设计。总体来说,设计师可以从设计定位、空间意象、空间形态、材料色彩、灯光声学等几方面入手进行设计。娱乐空间应具有较强的环境氛围表现力。为加强整体环境给人的印象,可以为空间设计选择一个主题,不论是神秘太空或是狂野风情,鲜明的主题都更容易塑造环境氛围,给顾客留下深刻的印象,以便将顾客发展为回头客。

空间形态包含了整体空间中各功能区域的轮廓形态以及空间内的外观造型设计。在娱乐空间中,常常采用流线形或者折线形空间来增强空间动态。各功能空间的设计目的与手法不尽相同,如交通空间追求动态感,而休憩区域偏好开敞舒适。

材料在娱乐空间中也是塑造环境的重要组成部分。娱乐空间的装饰材料丰富多样,只要手法运用恰当,哪怕是废弃材料也能成为效果独特的装饰。另外,在娱乐空间中,人的活动频繁,在材料的选择上也需要注重安全性设计,例如减少家具的尖锐角,运用更为柔软的材料。各类材料运用也要符合国家的消防规范。

---

[1] 刘严. 汪帆. 室内娱乐空间的类型及其布局要点研究 [J]. 美与时代(城市版),2016(1):79.

在色彩的选择上，部分文化娱乐空间偏好较暗的环境，而康体空间的色彩选择偏好明亮、轻松的色彩。娱乐空间的色彩选择应符合该空间的主题，利用色彩的搭配引起视觉联想，激发人的情感，创造出富有特色的色彩环境。在娱乐空间中，重视声、光、电的技术结合与运用。除去对声学的要求外，在娱乐空间中，良好的灯光设计可以更好地烘托环境氛围。例如酒吧舞池中常用到蜂巢灯、频闪灯，灯光随着音乐节奏变幻闪动，不同色彩的灯光为暗色的环境增添了色彩与动感。

（4）案例。

儿童拥有与成人同样的娱乐权利。所谓寓教于乐，儿童往往在游戏中学习与锻炼，娱乐在孩童的时间中占据了相当大的比例。因此在针对儿童的空间设计中娱乐空间必不可少。相较于成人来说，儿童不仅力量更小，在认知与感受力上也大有不同。因此在设计儿童娱乐空间时，也要注意到儿童的特点。

相对于成年人来说，儿童对于色彩的反应更为兴奋。儿童一般都偏好五彩斑斓的色彩，类似于暖黄色、橙红色等醒目的颜色最能勾起孩子们的兴趣。华中科技大学陈甸甸设计的儿童活动中心案例中，设计者正是运用了暖色系的、醒目而明亮的色彩，来激发儿童的情绪。在室内的立面上，设计者运用了软包材料防止儿童撞伤。同时，立面上设计了许多图案与浮雕，为墙面增添了许多童趣。儿童活动中心可大致分为教学区域与娱乐区域，设计者在教学区域设计了符合儿童使用尺寸的家具与教学用具（图 2.60）。

在公共娱乐区域，出现了更多弧线形的设计。在这里，家具呈波浪形将空间围合起来，既有童趣又十分生动，曲线形的设计也减少了锐角的出现，使儿童能够更无拘束地奔跑嬉戏。原木制成的储物柜用来存放儿童的个人物品，为室内增添了温暖的氛围（图 2.61）。

图 2.60　儿童活动中心设计教学区

图 2.61　儿童活动中心设计活动区

5. 展览空间

（1）展览空间的类型与组织。

展览空间依据主办单位与宣传目的大致可分为文化展览、商业会展、主题展览等。文化展览一般由博物馆、美术馆等文化机构承办，目的是向大众传播知识与信息；商业展览一般由某一商家主办或由商会主办，由众多商家参加，其目的是宣传商家的品牌或商品；主题展览围绕着单一的主题展开，艺术风格、社会话题都可以成为展览的主题。

展览空间的组织首先从展览的内容设计开始，通过对展览动线的组织，将各个展览空间与展览形式串联，形成完整的展览介绍或宣传效果。展览的形式设计是展览空间设计的具体内容与表达手段。

展览空间包含公共活动空间、展陈空间以及辅助功能空间等。公共活动空间是参观人员共享的空间，是大众使用和活动的区域，应该留有足够的面积，并与展陈空间相对隔离，以供大众交流而不影响参观者。公共活动空间包括休憩空间、饮水间以及阅读空间等。展陈空间是展览空间的核心，是信息的展示宣传空间，是陈列展品的地方。辅助功能空间包括储藏空间、设备空间、工作人员空间以及接待空间等。各类空间的面积应依据参展展品以及预估接待人数进行计算与设计。

在展览空间中，动线设计是贯穿整体设计的重要部分。动线是观众在展示空间中的运行轨迹。动线设计包含时间与空间的双重属性：时间属性体现在经过各个展览空间的时间顺序，一般需要结合展览的内容设计进行组织；空间属性则是从入口到结束的空间前后次序。展览的动线设计要求明确流畅，切忌交织往复，导致顾客观感混乱。无论展览馆还是博物馆，一般都依动线组织展示空间。设计动线时，首先要根据展品内容科学安排动线的走向；其次是必须尊重原有展示建筑的空间关系并与之保持和谐；最后，空间配置、动线计划、平面规划、空间构成等要一并考虑处理。对动线计划的要求有三项，一是明确顺序性，二是短而便捷，三是灵活性。

（2）展览空间的陈列设计。

陈列设计是陈列空间内的主要设计内容。陈列设计首先与展品的类型有关，展品可分为平面展品与立体展品两大类：平面展品常以悬挂式或者铺陈式进行展览，立体展品则需要放置在特制的展台或者展柜之中，力求使人能够环绕展品参观。展品在陈列空间中的布置形式可分为周边式陈列、独立式陈列和混合式陈列三大类。展品陈列布置的形式关系着参观路线的合理组织。陈列空间的布置讲究张弛有度，如同音乐中的节奏一般具有起伏，有总起、平和的介绍，也有精彩的高潮。空间变化需要疏密有致，"疏能跑马、密不透风"，陈列品不能全部摆满，要有适当的空间。这不仅是为了展示清楚，也是为观众提供更好的观感体验。

（3）案例。

展览空间的设计手法多样，主题性强。图2.62为华中科技大学陈甸甸设计的芦丹氏香水商业展示空间。

芦丹氏香水是一个小众品牌，其香水以拒绝平庸、天马行空的风格出名。为彰显这一小众品牌的魅力，整体概念店设计简约现代，色彩上以白色为主，辅以高贵的淡紫色和暖橙色。屋顶、柱面和隔墙镜面材料的运用使整个室内更加明亮，也增大了空间。墙面、吊灯、菱形展台、座椅展台、旋转展台、橱窗隔墙和服务台统一采用了几何折面的元素，精致而充满现代气息。几何的折面对光影捕捉十分精细，片状排列的隔墙更透进了室外的光，在室内形成了动人的光影效果，展现了沉醉于香氛世界的美妙。旋转展台是芦丹氏香水品牌店最主要的展台，简约的方形和圆柱形结合，白色三角隔板、长条香水摆放台和镜面中柱组成了展柜，展现着芦丹氏香水的简约与特别。每个展台柱有四个面，每个面有七个展柜，精心摆放着香水或装饰物，顾客可以任意挑选。高层展柜则摆放类似的香水造型装饰物、香氛装饰灯、香氛蜡烛、观赏花瓶等，十分美观。展示空间的座椅具有多重作用：座椅连接处是展示台，放有品牌的相关书籍可以供顾客观看了解，香水瓶和周边产品作为装饰供以欣赏；长条座椅同时可分割空间，低矮而又不方便跨越的座椅形成人流线的引导，而不影响视线的通达。菱形展台有 0.8 米和 0.6 米两种规格，布置在两个主入口和橱窗位置，是主看面重要的设计展台。展台具有微小的变化，配合摆放产生了组团感，与背景墙组成了简约的入口展示区。

图 2.62　芦丹氏香水展示空间

6. 商业贩售空间

商业空间可以简单地理解为进行商业活动的空间，即指人们日常购物活动的各种空间、场所。商业空间包含多种类型，商业营业空间、商业休闲空间已经在前文叙述过，此处不再赘述。而商业贩售空间，无外乎是各类商场、商店，其中最具代表性的则是专卖店的设计。专卖店是专为某一类或某一品牌的商品提供贩售服务的场所。专卖店产生于多样的市场需求以及针对性的消费设计。下文以专卖店为例，介绍商业贩售空间的设计要点。

现代市场的品牌竞争激烈，品牌意识影响着商品的出售以及品牌的发展。而专卖店则是品牌意识的具体体现。在专卖店的设计中，融合品牌文化，展示品牌视觉形象至关重要。良好的品牌营销有利于吸引消费者，推广品牌理念，以达到扩大品牌宣传范围、刺激消费的最终目的。

（1）专卖店空间设计。

专卖店空间设计的要求可以简要地理解为运用一定的技术手段，结合品牌文化，以艺术的设计手法，创造出合乎顾客心理反应与生理感受的专业卖场。在空间设计中，专卖店的设计从整体出发，强调展示性与细节的吸引力，强调品牌体验。其空间设计的基本内容包括门面与招牌、橱窗、换衣区域、货柜、货架、展台、接待台、库房等功能区域的设计。

专卖店营业空间的组织可以从横向与竖向两个方面来划分区域：横向上可以用铺装或者天花的装饰变化来暗示空间的划分；竖向上可以利用货架设备或轻质隔断划分营业空间。通过特殊材料以及手段的运用，可以将相对较小的营业空间进行延伸与扩大，例如镜面与竖线、斜线的运用，可以将空间感强化延伸。专卖店的不同空间具有不同的设计要求。以门面设计为例，门面设计需要具有品牌本身的独特特征，一般来说，选用较为跳脱的色彩灯光、醒目的招牌设计，要求让消费者一眼可以看到店面，并引起消费者的兴趣。而货架的设计依循品牌文化，根据风格的不同设置不同的形态，但有一点共同要求，即能够完美地展示商品。换衣区域或者体验区域营造的氛围需要轻松愉快，有时也会运用特殊的灯光或者技术强化、美化体验感。

（2）专卖店空间灯光设计。

灯光在营造独特的专卖店环境中至关重要。良好的灯光设计可以强化商品的展示效果，营造售卖氛围。灯光在空间中不是独立的元素，而是依托于空间、渗透进空间、与空间相辅相成的。在专卖店的光照环境中，整体照明设计应注意灯光的均匀性与颜色偏色、显色性。在人视的尺度上，避免眩光的出现。同时光环境应更好地衬托商品，例如服装专卖店可选择偏暖的灯光，使布料看起来更加柔软舒适，也使消费者试穿观感更佳；而电子产品的专卖店可选用偏冷的灯光，烘托科技感。在专卖店空间中，不同强弱的灯光可辅助铺装等方式来限定空间区域、划分空间层次；也可以通过光线的过渡来连接空间。

（3）案例。

现代的人对于自身所着衣物的要求越来越高，不仅追求舒适的穿着感受，也期望体现独特的个性审美。在品牌专卖店中，首先要求的便是突出品牌特色。图 2.63 为华中科技大学苏佳璐设计的香奈儿品牌店商业空间，在这个案例中，品牌文化诠释得非常到位。

为了营造香奈儿专卖店高端简约的风格，室内材料主要选用灰度较高的混凝土，墙面刷白色乳胶漆，灯光偏暖，整体不给人以冷清的感觉，但是同时给人以清凉感。商标是一个品牌店文化与特色的集中展示。双"C"在 Chanel 服装的扣子或皮件的扣环上，可以很容易地就发现将 Coco Chanel 的双"C"交叠而设计出来的标志，这更是让顾客为之疯狂的"精神象征"。因此设计者将双"C"的形象运用到室内灯具中。双"C"形的灯具叠加照射在室内地面上，营造了浓厚的品牌文化氛围（图 2.63）。通过阶梯状的展示柜，顾客可以登上阶梯，从制高点上可以看到整个店面的状态，增强空间感和游览乐趣。栅格形状的灵感来源于香奈儿 2.55 系列的方包。由于中间层的设计为网状栅格，吊灯射出的光线照到地上可以形成斑驳的光点，同时光线通过栅格上的大型方格后可着重照亮两个主要的展示阶梯。

图 2.63　香奈儿品牌店商业空间

2.2.2　国内外室内设计竞赛解读

通过本书前面章节的介绍，在理解什么是室内设计，室内设计的基本要点是什么，以及熟悉相关室内设计案例之后，如何参与到室内设计竞赛中并且顺利地完成设计方案则是本章节主要分享的内容。本章节选取国内外顶尖室内设计竞赛的获奖作品进行介绍与解读，从设计理念、设计语言、空间处理、材料运用等方面对每个获奖作品进行深入的剖析和挖掘，进一步展现获奖作品的闪光之处。

1. 安德鲁·马丁国际室内设计奖 (Andrew Martin Interior Design Awards)

安德鲁·马丁 (Andrew Martin) 国际室内设计大奖由英国室内设计教父马丁·沃勒 (Martin Waller) 于 1996 年创立。它是国际范围内最具权威性的室内设计与陈设艺术奖项，被美国《时代》《星期日泰晤士报》等主流媒体推举为"室内设计行业的奥斯卡"。每年推出的《安德鲁·马丁国际室内设计大奖年鉴》，更被誉为"室内设计界的圣经"。该奖项凭借着其公正性、权威性和公众代表性，成为室内设计界的风向标，吸引着全球设计领域的目光。

（1）2017 年获奖者——艾琳·马丁 (Erin Martin)。

艾琳·马丁是美国著名的室内设计师，是该奖项有史以来最年轻的获奖者。她认为设计能力是一种与生俱来的本领与天赋，并不是单单通过学习和努力就可以得到的。艾琳·马丁是一位有着自己独特风格的室内设计师，她将传统文化与个人风格结合在一起，并伴随着有趣的设计概念。她崇尚的是简约优雅的生活方式，希望在设计中寻求艺术、美学、工程、个性之间的相互平衡关系。安德鲁·马丁国际室内设计大奖创始人马丁·沃勒先生评价说："艾琳的设计犹如一场囊括了生活中所有欢乐与愉悦的庆典，她的作品中充满了旺盛的个人魅力。她从不为规定与约束所畏惧，她那些奇妙的构思和设想洋溢在空间的每个角落，令她的设计永远充满着新鲜与活力。"艾琳认为："我总是喜欢把尽可能多的东西放到一个小房间里，在更大的空间里反而放得很少。这里并没有什么规则。我们不应该总是将自己困在各种条条框框之中，应该大胆跳出来去寻找乐趣，尝试些新的想法。"Casa de Tortuga 别墅（图 2.64）是一栋位于美国海湾地区的新建筑，艾琳·马丁运用独特的设计手法、富有年代感的材质，搭配上室内的陈设装饰（图 2.65、图 2.66），将整栋建筑修新如旧，设计成西班牙殖民风格。

安德鲁·马丁室内设计大奖是殿堂级的室内设计竞赛，它关注的不仅仅是室内空间的营造，而且更加关注的是设计师个性的解放。该奖项尊重设计师的独特思想，欣赏具有个人设计魅力的作品。马丁·沃勒先生评论说："能入选安德鲁·马丁奖的设计师都是国际上最优秀的设计师。其实相比于竞赛，这更像是一个聚会，把所有热爱设计的人聚在一起。安德鲁·马丁会秉承着自己的理念，一直走下去。"2017 年获奖设计师的成功正是在于将独特的个人风格与文化传统巧妙融合，在现代设计语言中展现传统文化的印记，在传统之中蕴含现代语言，一旧一新，完美结合。

图 2.64 Casa de Tortuga 别墅

图 2.65 Casa de Tortuga 别墅室内陈设一

图 2.66 Casa de Tortuga 别墅室内陈设二

（2）2016 年获奖者——尼基·哈斯拉姆（Nicky Haslam）。

尼基·哈斯拉姆不仅是英国顶尖的室内设计师，还是拥有艺术家、歌舞表演者、艺术编辑等众多身份的英国贵族。1990 年后期，尼基·哈斯拉姆在伦敦创立了自己的建筑与设计公司——NH Design。他的设计以高端室内设计、定制家具和随着时代的变化又有极强辨识度的风格而闻名，并且发展成英国目前最顶尖的豪华室内设计公司之一。尼基·哈斯拉姆和他的创意团队擅长捕捉历史的灵感，抓住瞬息万变的时代风格，并运用现代设计手法打造出充满创意的设计作品。安德鲁·马丁创办人马丁·沃勒曾这样说道："室内设计不是关于窗帘、地毯和靠垫，而是关于个性。在这方面没有人比尼基·哈斯拉姆做得更好，他的作品体现了一个世纪的文化和一个复杂的世界。"尼基·哈斯拉姆在设计自己位于伦敦西区的公寓时不想花费过多的金钱，于是他在客厅巧妙地运用了假面板、假壁炉、假艺术品等一些室内陈设（图 2.67、图 2.68）。他说："我没有买任何东西，我只是从我的东西中收集起来，再加上一些'假的物品'为我做了一件全新的事情。只要有些东西是美丽的，我不在乎它是假的还是真的。"

图 2.67　哈斯拉姆私宅室内一

图 2.68　哈斯拉姆私宅室内二

2016 年的获奖者尼基·哈斯拉姆是一个有着多重身份的人，他不仅仅是一位设计师，也是一位艺术家、表演者，更是一位英国贵族。他为上流社会设计，豪华高端是他的设计特征，但是他的豪华不是金钱堆砌出来的奢华，他的设计宏大并且震撼人心。有着时代烙印的颜色、家具、陈设，在他手上都能和谐地共处于一个空间之中，并且带有设计者本身的设计特点，究其原因可能跟他艺术家的身份有关。所以作为一名当代室内设计师，不能仅仅只关注设计行业的相关知识，更要放眼四周，寻求不同思维的碰撞。

2. INSIDE Festival 国际室内设计大奖

INSIDE Festival 国际室内设计大奖是国际上著名的室内设计大赛，每年都会颁发酒店餐厅、办公室与零售空间的最佳室内设计奖项，大赛会收到来自全球各地的优秀室内设计作品。

（1）2017 年获奖作品——纸空间·欢乐咖啡屋。

由于场地租约只限于短短六个月的时间，设计者把此空间构想成一件短暂、却富有想象力的、活泼的艺术品，打破了常规的室内设计思维方式。咖啡馆内部空间如图 2.69 所示。最好的设计师应该是在室内活动的人群，设计师利用纸张极高的可塑性作为理想的设计概念，使人们可以随着心情即兴表达、创造和调整其空间设计，强调人们的参与性。纸这种看似简单却又具备创造性的材料，成为了一个记录空间变化的工具和为每个造访者互动以及改造空提供概念来源。

本设计的亮点在于，设计师运用可塑性极强的纸张分割室内空间（图2.70），体现纸的不同功能（图2.71）。"纸"并不是第一次作为室内设计或者建筑设计的材料出现，2014 年普利兹克建筑奖获奖者日本建筑师——坂茂，就是一位纸建筑设计师。纸建筑，让世人重新评价身边熟悉的素材，发挥纸柔软的特性，创造出美观、坚固且低环境负担的新可能性。随着绿色设计、可持续生态设计理念的提出，在室内设计材料的选择上不能只着眼于传统的材料，还要关注于非传统材料的创造性使用。本设计考虑到场地的周期性和循环利用，设计师创造性地运用牛皮纸来分割空间，并且强调人们在空间中的参与感。

图 2.69　咖啡馆内部空间

图 2.70　纸张分割空间

图 2.71　纸的不同功能

（2）2017 年获奖作品—— MISA 工作室。

项目位于一个中空的旧厂房内部，设计师考虑到现代居住生活与工作模式的过度单一，希望将这个城市中的废弃空间打造成一个有趣、多元的居住空间。设计师对业主的生活习惯、工作模式、性格特点、人际关系等进行多维度的综合了解，将厂房原有的不合理空间进行改造，对室内空间进行重新划分，在旧的房间内部呈现新的居住体验，并且为了增加室内外良好的环境氛围，设计师在室内加入了内部庭院，在居住空间中做到与大自然的亲密接触。MISA 工作室内部空间如图 2.72 所示。

设计源于生活而高于生活，作为设计师在设计方案的时候要充分考虑到设计对象的需求，立足于"人的需要"来做相关的设计，设计要"以人为本"。在本案例中，设计师就充分考虑到了业主的需求，对于业主的生活起居方式、工作形式、习惯爱好等都做了充分的了解，室内空间是按照业主的需要进行划分的，把工作和生活区域分开，打破了单一的工作生活模式，将室内打造为一个多样有趣的居住场所。

图 2.72　MISA 工作室内部空间

3. 亚太区室内设计大赛（Asia & Pacific Interior Design Award）

亚太区室内设计大奖赛简称APIDA，它是由香港室内设计协会（IDA）主办及亚太各地室内设计协会协办。APIDA的宗旨是让大众更进一步地认识到室内设计对于日常生活的重要性，推动室内设计意识的传播与发展；给予业内一些优秀的工程项目和设计师们应得的荣誉和认可，鼓励和推动室内设计的专业水准和设计概念的进步发展。

（1）2017年购物空间金奖——韩国首尔雪花秀旗舰店。

设计师以灯笼为设计灵感，用抽象的灯笼串联起设计空间内部。灯笼在亚洲有着非常重要的象征意义——灯笼指引着人们前进的方向。设计概念归纳为三点，即个性、旅程与记忆，贯穿项目始终。设计师希望能够创造一个极具吸引力的空间来满足顾客的所有感官体验，将空间的体验打造成为一个层次丰富、值得无限回味的旅程，最终呈现出的效果完美表达出了灯笼的概念。贯穿室内外的黄铜立体网格结构将店铺的各个空间串联在一起，引导着顾客逐个探索店铺的每一个角落（图2.73、图2.74）。

图2.73　韩国首尔雪花秀旗舰店内部局部效果一　　　　图2.74　韩国首尔雪花秀旗舰店内部局部效果二

作为一名合格的室内设计师，在进行室内设计时，首先要明确的是设计概念是什么。设计概念不是凭空而来，而是要体现出项目的本质思想，并且在整个设计过程中都要围绕着这个设计概念展开设计。本方案主要体现的是亚洲文化，所以设计师选用了在亚洲比较有代表性的灯笼作为整个设计的设计语言，设计师将灯笼的概念进行提炼、抽象、解构。运用贯穿室内外的黄铜立体网格将空间分割，并且通过不同材质和光线来营造室内氛围，最后呈现的设计效果不仅充满了诸多对立的元素，又体现着丰富而深沉的文化内涵。

（2）2017 年设施与展览空间金奖——"帆·构想"。

该销售中心占地面积为 690 ㎡，因为外向型的坡屋顶建筑和主体被分为两部分，前半部分高 14.7 m，后半部分高 2.8 m，设计师需要打破这个呆板的室内构造，将整个空间处理得匀称且合理。设计师运用解构的手法将室内这些限制条件打破重组，突破传统的室内空间结构，利用建筑斜面塑造一个线性解构的空间（图2.75）。内部空间运用大面积的色块加以区分，天花与地面之间过渡自然，没有突兀之感，展现出浑然一体、统一干净的空间感（图 2.76）。"帆·构想"销售中心创造了一个与传统对立，不安定、紧张、动荡的空间。身处这样的空间之中，人们可以激活思维，激发创造力，用全新的思维去构想未来的立体生活。

进行室内设计工作的时候，经常会碰到非常规的室内空间结构。如何将这些空间加以利用并巧妙地化解是每一位设计师都需要思考的部分，也是在设计中要面临的挑战。本获奖设计案例所面临的问题是室内层高的落差太大，过低的室内层高带给人们压抑的感觉。设计师利用建筑原有的斜面，在室内运用几何形的白色和木色体块，巧妙地从入口层最高的位置缓慢地向室内过渡。这些大体量穿插的色块不仅有引导路线作用，更重要的是转移了人们的视觉关注点，将本该是劣势的室内空间打造得富于变化。

图 2.75 "帆·构想"销售中心内部层高处理

图 2.76 "帆·构想"销售中心内部空间

4. 中国室内设计大奖赛

中国室内设计大奖赛已连续举办了二十届，是中国室内设计一年一度高规格的赛事，因参赛范围广、评选规格高、参赛作品水准高获得业界一致认可。大赛旨在表彰优秀室内设计作品和室内设计师，提高室内设计师创作水平，促进学术交流与学习，进而推动中国室内设计事业发展。

（1）2017 年餐饮类金奖——杭州多伦多自助餐厅（来福士店）。

杭州多伦多自助餐厅位于杭州西子湖畔，设计师以最具当地特色的西湖"水元素"为设计主线，将"水"演绎成"六边形水分子"贯穿于整个空间，打造出丰富、明快且充满力量的自助就餐环境。萦绕在天花板上的六边形装饰造型从高处倾泻而下，质感通透、静谧。空间内整体色调以暖黄色为主，材质以硬朗的金属切割体块以及柔软的装饰空间组成，一刚一柔，一明一暗，将空间打造得如同艺术品一般。该设计不仅在大的空间设计上富有意趣，设计师对于细节的把握也很准确，精致的前台、红色的帷幔、六边形窗帘，每个细节都值得细细品味。杭州多伦多自助餐厅内部空间如图 2.77 和图 2.78 所示。

"因地制宜"是中国设计中的经典思想，这种设计理念不仅体现在景观设计和建筑设计上，在室内设计中，设计师也应遵从这种设计思想，遵从地域文化，结合当地特色，打造富有当地人文、景观特色的室内空间。在本案例中，杭州以水而闻名，设计师将"水元素"抽象为"六边形"图形，用这个基本的设计元素将室内空间串联，由这个形态组成通透的天花装饰，给人一种如水般似有似无的朦胧美感。

图 2.77　杭州多伦多自助餐厅内部空间一

图 2.78　杭州多伦多自助餐厅内部空间二

（2）2017年概念创新类金奖——popo幼儿园。

popo幼儿园由员工宿舍改建而成，原建筑结构不符合幼儿园的设计标准。为了保证幼儿园的功能设置以及满足孩子们的学习娱乐需要，设计师从建筑开始重新进行规划改造。原有建筑的空间破碎、连续性不足，设计师用环形天桥将四幢建筑串联在一起。天桥不仅弥补了建筑上的缺陷，并且构成了孩子们奔跑娱乐的场所，成为园区的观赏平台。设计师在室内打造图书馆、多功能室、露天小剧场等，增加孩子们的娱乐设施，使原本毫无生气的建筑变成了有趣的、功能多样的幼儿园（图2.79）。

"尺度感"是室内设计师在进行任何设计时都不可以忽视的内容，根据设计对象打造合适的、符合人体工学的室内尺度是设计从开始到结尾都要考虑的。本案例是幼儿园的设计，那么设计的核心就是"孩童"，设计师牢牢地抓住了这一点，从建筑设计开始就从孩童的需求出发，了解孩童的天性，打造有趣的游玩天桥、下沉式的小庭院、有趣的娱乐设施。室内空间设计上充分考虑孩童的尺度，墙面、走廊的细节都体现着"为孩子而设计"的理念。

图2.79　popo幼儿园效果图

5. 金堂奖·中国室内设计年度评选

"金堂奖·中国室内设计年度评选"是中国最具规模和影响力的室内设计行业年度评选，该奖项秉持着"公益、公正、独立、服务"的理念，以倡导"设计创造价值"为价值观，是以"为百万设计师呐喊、向千万业主传播"为使命的行业公益评选活动。金堂奖自2010年举办以来，代表了中国室内设计高速发展的趋势，代表了中国室内设计走向世界的决心和希望。

（1）2017年最佳餐饮空间大奖——大德餐厅。

设计师主要关注室内空间的设计，以"盒子"的形式在室内制造建筑。在最高为8 m的天井空间中，通过6个"盒子"不同形式的堆积，形成不同功能的正负空间，大德餐厅内部空间结构如图2.80所示。"盒子"内部是餐厅私密的包间，负空间就自然形成了内部走廊（图2.81）和日式景观的景观通道。每个盒子的基础退于边缘之内，给人以悬浮轻盈之感。走道里错落有致的台阶指引着客人进入包厢内部，室内各式的木质格栅和幽暗温暖的灯光让人感觉静谧而温馨。设计师在包间外打造充满禅意的日式景观，每个"盒子"的下部都有玻璃窗，通过窗口将景色引入室内，客人可将这些景观尽收眼底。

在室内设计中，空间的营造是一个很重要的课题。室内空间的面积有限，除了满足基本的使用功能和区分活动流线之外，如何将空间打造得富于变化、充满活力是在设计中需要进行深思熟虑的部分。本案例的突出特点是运用"盒子"这个设计语言，将不同的"盒子"进行重组排列，不仅自然地在室内形成有趣的内外空间，也保证了餐厅设计的功能空间需要。因项目是日式寿司店，设计师运用质朴的木质格栅、禅意的日式景观、温暖的黄色调灯光营造日式的室内氛围。

图 2.80　大德餐厅内部空间结构　　　　　　　图 2.81　大德餐厅内部走廊

（2）2017年最佳办公空间大奖——"未完成"的空间UOOYAA品牌办公室。

本项目是为年轻的女装品牌打造办公室，设计师在室内设计中也希望体现出该品牌年轻、自由的精神。设计对象是一个老旧的仓库，设计保留仓库原有的基础构架，对顶面进行翻修处理，为了有良好的采光效果，在厂区增加了顶面的天窗。为了满足办公空间接待、休闲等活动的需要，设计师扩大了前台的面积。同时，为了提升室内的绿化环境，设计师在门口和窗户的位置设置了多种绿植，这些植物也可作为室内外联系的过渡空间。室内空间分割方式没有运用传统的石墙，而是运用建筑中常见的脚手架，并将此设计元素运用到整个空间中，以期达到一种"未完成"的状态，也借此希望业主保持淡泊名利、谦卑的心态，与品牌精神相呼应。UOOYAA品牌办公室内部空间如图2.82所示。

好的室内设计方案是有思想的、会说话的。做室内设计不仅仅是做表面的装饰，更要体现出设计者的态度。本获奖案例是为服装品牌打造办公空间，因为场所是比较有特点的旧厂房，设计师在保留原有厂房结构的基础上，在室内运用和厂房元素一致的建筑脚手架。办公空间的分割是用成本较低的聚碳酸酯中空板来作为空间的隔断，在保证基本的使用功能上最大限度降低施工成本。这些设计元素和材质的选择无一不符合厂房室内设计的工业风特点，更能体现出设计者想要表达的追求纯粹、质朴的设计思想。

图2.82　UOOYAA品牌办公室内部空间

6. 居然杯·CIDA中国室内设计大奖赛

居然杯·CIDA中国室内设计大奖赛的宗旨是推动设计创新、促进装饰与设计市场繁荣，营造公平竞争环境，引导行业健康发展。该奖项旨在表彰经得起实践和时间的检验、具有创新精神和时代精神的最优秀设计作品与产品，以及表彰我国室内设计界成就卓越、贡献突出的设计师和专家学者。

（1）2016年居住空间奖——TIMELESS。

TIMELESS别墅设计运用纯粹的黑、白、灰和点、线、面来勾勒整个建筑环境。别墅一楼（图2.83）公共区域动静结合，空间主轴上是客厅与餐厅区域，狭长的过渡空间成为一楼的视觉焦点中心，墙面上简练的线性灯带错落有致，斜面天花的低梁与中岛存在一种动与静的结合。在中层过道区域，建立垂直的廊道将上下空间结合。别墅二楼（图2.84）为私密区域，空间简洁大方，没有过多繁复的装饰，运用光影对空间进行解构。

正如勒·柯布西耶于《走向新建筑》中所说："建筑是一些搭配起来的体块在光线下辉煌、正确和聪明的表演。"[1] 当设计师们在进行建筑或者室内设计的时候，不应该忽视光线对环境塑造的举足轻重的效果。此住宅设计案例本着纯粹、回归自我的精神，将室内打造为一个静谧、沉思的空间。以光取代材质，摒弃室内不必要的装饰，最大化地将光线、风景引入室内，运用自然元素塑造居住空间。

图2.83　TIMELESS别墅一楼

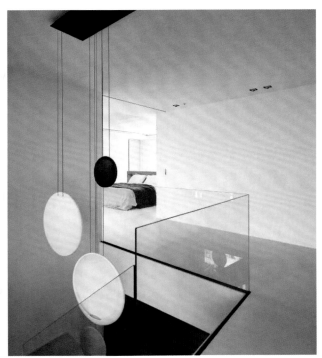

图2.84　TIMELESS别墅二楼

---

[1] 勒·柯布西耶.走向新建筑[M].陈志华，译.西安：陕西师范大学出版社，2004.

（2）2017 公共空间奖——哈尔滨大剧院。

哈尔滨大剧院（图 2.85）坐落于中国黑龙江省哈尔滨市松北区的文化中心岛内，是哈尔滨市地标性建筑，设计师为马岩松。2016 年 2 月，哈尔滨大剧院被 *ArchDaily* 评选为 "2015 年世界最佳建筑" 之 "最佳文化类建筑"。哈尔滨大剧院依水而建，灵感源于北国的冰雪山川风貌，洁白的建筑外观与这座冰雪之城相呼应，建筑形体作为环境的延续，运用带有自然韵律、柔和的曲线线条消除了大体量公共建筑的体积感。整个建筑犹如雪山般绵延起伏，巧妙地与大地景观融为一体。哈尔滨大剧院属于异形结构建筑，特点是跨度大、空间高、结构复杂，立面造型属于三维曲面造型，施工难度极大。MAD 创始人建筑师马岩松评价说："我们希望哈尔滨歌剧院成为一座属于未来的文化中心，一个可以进行大规模演出的场所，同时也是一个整合了人群、艺术和城市身份的动态公共空间，与此同时还融入到周边的自然环境之中。"

大剧院的内部空间设计（图 2.86）也具有戏剧性的特点。步入大厅，参观者首先看到的是跨越整个大厅巨大的透明玻璃幕墙，整个玻璃幕墙在视觉上将曲线的室内空间和室外广场隔绝开。大厅上方，由网络状结构支撑的玻璃天顶（图 2.87）如奔流的水景一样跨越整个大厅，不仅贴合了建筑的光滑曲面，而且上面的凹凸纹理代表了冬季连绵起伏的冰雪景象。白天，阳光透过玻璃撒进整个大堂内部，参观者可以感受到丰富的光影变换与细腻的室内材料相互辉映。

哈尔滨大剧院内的主剧院内部空间（图 2.88）则呈现出一种温馨的氛围。内部主要运用木材覆盖，精心雕琢的水曲柳作为墙面，曲线的造型由墙面延伸至主舞台和剧院的座位，设计师运用简单的材料和强烈的空间形式组合在剧院内部创造了世界级的声效。在小剧院中（图 2.89），舞台背景为全景窗，打破了室内外的边界，将内外联通。这一面玻璃隔声墙让室外风景成为了演出的背景，让室内舞台成为了室外环境向内的延伸。

图 2.85　哈尔滨大剧院

图 2.86　哈尔滨大剧院内部空间设计

图 2.87　哈尔滨大剧院玻璃天顶

图 2.88　哈尔滨大剧院内的主剧院

图 2.89　哈尔滨大剧院内的小剧院

因为师从建筑设计师扎哈·哈迪德，非线性成为马岩松的基本设计语言。马岩松说："对于我们，更重要的是传播我们的理念——建筑最大可能地满足人的需求，这是未来的必然。中国最重要的传统是具有强大的创造力，这是决定我们的民族一直在不断发展的非常重要的因素。而建筑的创造，重要的不是形式，更不是仿照，而是用最有效率的付出实现最大的意义。我们的建筑绝不是追求形式上的新奇怪异，而是要创造未来。"非线性设计语言作为当下前沿的设计手法，突破传统的矩形室内围合空间，运用大胆流畅的线条串联起整个建筑室内空间，也是未来设计发展的方向。

从以上多个获奖案例的介绍可以发现，每个获奖作品都有其设计的核心思想以及独特的设计特点。所以在参与室内设计竞赛的时候，一定要想清楚的是设计需要解决什么现实问题，通过何种方式去解决，设计语言是什么，设计风格是什么，以上选取的这些竞赛获奖案例都有其独特的设计亮点，不论是设计的理念、空间的处理、材质的选用、尺度的把握等方面都倾注了设计师的思想。本章节介绍的获奖作品希望在一定程度上为设计者带来灵感的启发，但更重要的是需要设计师独立地思考问题，找到生活中的"痛点"，再通过设计去解决和改善。

2.2.3 前沿理念追踪

1. 室内设计发展前沿概述

日新月异是时代发展的特点，而设计者必须跟上时代发展的步伐。本章节将最新的前沿设计资讯进行整合与概述，以此来激发学生的竞赛设计思维。

室内空间是建筑的一部分，它与建筑有着密不可分的联系。室内设计是在建筑空间模式已定的基础上，进行满足生产生活需求的空间优化，主要体现在空间材质、色彩、装饰、风格上。以传统的观点来看，室内设计似乎只是片面地追求装饰的风格以及视觉效果的满足，或许会根据使用者的爱好和切身情况作出功能的优化，但这终究不过是皮毛而已。随着时代的发展，人们所接触到的信息更加多元化，人们的思想观念也更加开放。如今的室内设计已经颠覆了传统的设计观念，它不再是一个孤立的"装饰体系"，物化的功能逐渐弱化，设计的关注点更多的体现在对人、对社会、对未来的探索。

人类现在所处的时代，正是一个信息化技术大爆炸的时代，大多数事物的发展都与信息技术相关。云计算、人工智能、VR漫游这些新型技术人们已耳熟能详，住宅的设计也朝着更加科技化的方向发展。当然，人类作为社会的主体，其实也是其自身创造出来的时代的产物。人的思想、意识、行为模式等都与所处的时代分不开。人们对个性的追求成为普遍的社会态势，与此同时，社会的人群结构、生活方式等也正在悄悄转变。

2. 模块化设计

室内的模块化设计包含范围较广，它在中观与微观层面上都有体现。大到建筑结构的把控，小到家居连接件的处理，都可以通过模块化设计来优化。

（1）模块。

模块由英文单词"module"翻译而来，也可翻译为"模数"。在建筑领域主要是指标准化的构筑材料的比例关系。例如，我国秦代甚至更早时期，当时建筑上最常用的砖，其长、宽、厚之比为 4：2：1，在尺寸比例上呈一定模数关系。在古希腊建筑中，柱子直径与柱高之间的模数关系使得柱子整体与细部关系协调，这种关系是模数在建筑上成熟应用的开始。[1]

（2）模块化设计。

而模块化设计是一种现代设计方法。它是在设计之前对不同功能、不同性质、不同规格的产品的一些基础信息进行分析，然后总结规划出一系列的功能模块，再通过模块的不同组合形成多样化的产

---

[1] 孙媛媛. 模块化设计在住宅室内设计中的运用 [J]. 建筑设计管理，2015（1）：57-59.

品[1]（图2.90）。总体来说，模块化设计就是将设计元素进行有规律的切分细化，得到一个通用的标准模块，然后对这个标准的模块进行非标准化的组合。

模块化设计在具体操作层面上有如下几个特点：系统性——模块化设计是整个产品的系统设计，而并非单单为某个具体产品或是某个建构物体的局部；标准性——模块化设计是标准化设计，它包括系统结构的标准化、部件形态尺寸的标准化、衔接组合的标准化；自上而下——模块化设计是自上而下的程序，先完成整体的设计，然后通过分级处理进行细部构建的设计；组合性——模块化设计的重点在于模块的划分与组合关系的设计。通过不同模块的组合方式形成的产品更具有多样性，能够适应市场对不同特点产品的需求。

（3）室内的模块化设计。

室内空间再限定的模块化设计指在建筑设计的基础上对空间进行二次分配，现阶段主要利用轻质隔断（图2.91）的手法进行空间的分配。除此之外，也可以通过家居的布置来分隔空间，这是一种功能与装饰相结合的方法。为了节约空间、方便使用，也可以将限定的形式灵活化，例如推拉折叠式的隔墙等。

界面系统的模块化设计主要体现在界面组件的固定以及安装、拆卸系统的模块化，这样也便于后期维修更换。其中，界面包括顶板、墙板、地板。

材料与设备系统的模块化主要指对厨房设备、供暖设备等室内设备的规范化和定制化。这样不仅能够让室内施工高效便捷，同时使用者也能够获得较好的使用体验。

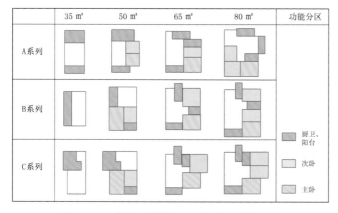

图2.90　模块的不同组合形成多样化的产品

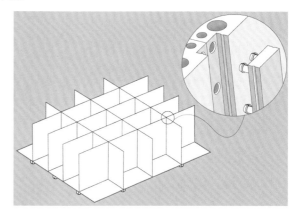

图2.91　室内轻质隔断

（4）展望。

在未来的发展中，室内的模块化设计将会随着社会的发展变化而不断更新迭代，总体上呈现出多元化的发展方向。例如，不同工作性质的人群对使用空间的需求是有一定差异的。画家、音乐家、舞蹈家等这些职业群体，在使用空间上可能分别会对画室、琴房、舞蹈房等有特殊的需求。独居老人、丁克家族、青年夫

---

[1] 维基百科. 模块化设计 [EB/OL]. [2005-08-14]. http://wiki.mbalib.com/wiki/%E6%A8%A1%E5%9D%97%E5%8C%96%E8%AE%BE%E8%AE%A1.

妻等不同家庭结构的出现，再加上居住者生活习惯、兴趣爱好、年龄、职业的不同，使用空间类型也更加丰富。除此之外，空间的限定方式也将更加抽象，空间的分割界限将会变得模糊，一个空间的使用功能将复合叠加，如集装箱改建住宅（图2.92），在小小的空间中包含了多种功能。另外，不同空间的功能也会相互转化，自由灵活而便捷。

图 2.92　集装箱改建住宅

3. 共享居住

正如前文所述，现在的社会正处于信息大发展阶段。社会的发展变化无不影响着社会各种人群的发展走向。经济结构的转变、社会群体的变化、家庭结构的分异、个体价值的体现等都是在社会变化发展熔炉中的产物，由此也出现了各种颠覆传统的生产、生活模式。共享经济与居住空间、交往模式等的联结也由此产生。

（1）共享经济。

共享经济实质上是一种使用权经济[1]，指的是对于商品或者服务的消费由"所有权"的注重转向于对"使用权"的注重。举个简单的例子，以前的人们注重买房时所获得的房产所有权，而现在由于社会发展的变化，人们对房子所有权的追逐开始逐渐减弱，以更加经济节约、灵活多变的租赁方式来获得房子的使用权。在这种模式下，人们能够通过投入较少的成本来获得和以前一样的消费享受效果。加之共享经济运用互联网平台，将中介成本降低，实现了对闲置资源的再分配与利用。

（2）共享居住空间。

居住空间作为社会建设与发展的产物，不仅承载着个体的生活，同时也是社会发展过程中出现的各种

---

[1] 汤天波，吴晓隽．共享经济："互联网+"下的颠覆性经济模式［J］．科学发展，2015（12）：78-84.

文化、思潮、关系网络的反映。在第一次与第二次工业革命时期，人们追逐经济效益、生产效率和整体价值，在人脉关系网络上也是单一的、封闭的、片面的，因此社会构建产物往往高度集成化。但是随着时代发展，社会剩余产物的增多，共享经济出现，加之社会压力增加、个体意识增强、家庭结构转变等，人们更加崇尚互动、开放的社会，人际网络也逐渐复杂和多元化，共享居住空间也由此产生。

共享居住空间是共享经济下的产物，它在发展模式上往往伴随经济运作的印记。共享居住的对象是"闲置空间"，共享的主流方式是闲置空间的户主通过互联网信息平台将共享对象信息发布，需要的人通过信息平台进行了解、沟通与交易，实现闲置资源的再分配与经济资源的运转。Airbnb是在这一方面发展比较成熟的企业，它主要的经营业务是提供民宿短租服务。Airbnb通过提供接入全球每一个房东的房屋所有权的渠道并且出售使用权，顾客可以通过平台进行了解并挑选。这样一来就实现了"去中介化"，同时也降低了时间成本与空间成本。由此，Airbnb是受全球旅游人群欢迎的互联网平台。

当然，共享居住空间除了经济驱动外，还伴有社会群体关系和家庭结构变化的影响。例如日本的多代际共享居住模式下的Home share，它是针对日本当下家庭结构转变与居住意愿变迁的产物。从家庭结构上来看，近20年来，日本的人口数量和家庭规模都逐渐缩小，平均家庭规模由第二次世界大战后的5人左右下降到目前的2.3人，一户仅有一个人的单人家庭的数量显著增加。根据2010年日本国势调查的结果，单人家庭已经占据了日本家庭数量的约1/3，并首次超过了由父母和孩子构成的核心家庭数量，成为当今日本最常见的家庭形态。[1] 从居住意愿上来看，随着年轻人群晚婚、晚育、离婚等问题的出现，更多的年轻人主动选择单身生活；同时，人口老龄化带来的具有独立房产的独居老人的数量增加，也加剧了日本单身生活率。不管是独居的青年人还是独居的老年人，都存在着安全隐患，这种隐患包括青年独居者产生的与社会隔绝的心理倾向，以及老年人"孤独死"的发生等。因此Home share将年轻单身者与老年单身者结合起来：老年人共享出自己的房屋，年轻人租借房屋与之共同生活，并通过为老人提供一定的生活帮助来获得房租的减免。这种共享模式提高了房屋资源的利用，也减少了社会独居人群所带来的安全隐患。

除了以上介绍的闲置资源再分配的共享居住模式以外，现阶段也出现了许多专门针对共享空间需求而进行的共享住宅设计，它更多的是对社会交往、信任与合作的社会关系的一个映射。现在比较热门的青年共享居住模式就是针对当今一、二线城市的租房青年一族在面对租赁市场不稳定以及城中村环境恶劣的情况下，对共享交往空间的需求背景下而产生的。例如深圳集悦城共享空间（图2.93），它是由一个厂房改造而成的居住社区，主要分为两个区域：办公园区和居住社区。其中共享空间约占总建筑面积的42%，包括健身房、公共厨房（图2.94）、观影区、桌球房等。在满足租户对独立生活空间需求的同时，也利用特别的共享设计手法来增加青年群体的交往与互动。

---

[1] 日本总务省统计局. 平成22年国势调查：人口等基本集计结果 [R]. 东京：日本总务省统计局，2011.

图 2.93 深圳集悦城共享空间

图 2.94 深圳集悦城厨房

（3）展望。

针对全球当前的共享经济发展趋势，共享居住空间在未来很长一段时间内都将作为一个主流的住房供应发展方向。这不仅是对当下经济结构变化的反映，也是对社会关系、家庭结构变化的反映，更是在大量存量房出现时处理房屋供需平衡的手段。当然，这种住房模式的出现也受信息化时代发展的影响，信息技术的快速发展使得更多人能够交流住房信息并共享住房，这也加速了共享居住模式的形成与体系化发展。

但是，在共享居住模式具体实施的过程中却受到许多外在因素的影响：空间私密性与共享性的调和、居住空间环境管理权责问题、个人安全隐患等。从未来共享居住空间发展的进程上来看，需要更加细化分析人群结构，对不同地区特殊社会背景进行综合考虑，同时在整体上也需要调控不同经济发展时期住房需求的问题。总的来说，共享居住的模式和空间设计等都有待进一步探索和优化。

4. 智能家居

智能化是现阶段人类生活的新形式。如今，智能家居、智能材料快速发展，智能融入生活也必将是大势所趋。

（1）概述。

智能家居主要强调的是通过物联网信息技术将家中的电器设备进行关联处理，形成智能家居系统（图2.95），使得家居除了具有传统上使用居住的功能外，还能够兼备建筑、网络通信、信息家电、设备自动化等功能，更加具有人性化服务的特点。通俗来说，就是给传统的家居用品外加一个信息化处理内核，使得家居用品之间能够进行信息联系，并且根据使用者的需求进行功能使用的时间、空间、形式等的变化，从而更加便捷、高效、安全、节约地完成任务。根据2012年中国室内装饰协会智能化委员会发布的《智能家居系统产品分类指导手册》来看，智能家居系统产品共分为二十个类别：控制主机（集中控制器）、智能照明系统、电器控制系统、家庭背景音乐、家庭影院系统、对讲系统、视频监控、防盗报警、电锁门禁、智能遮阳

（电动窗帘）、暖通空调系统、太阳能与节能设备、自动抄表、智能家居软件、家居布线系统、家庭网络、厨卫电视系统、运动与健康监测、花草自动浇灌、宠物照看与动物管制等。

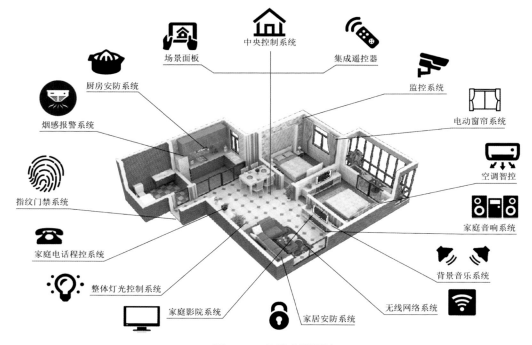

图 2.95　智能家居系统

　　但是在实际使用过程中，往往会根据其规模、服务特性、布线技术等进行归类。以智能家居的服务对象来说，我们可以将其分为舒适型、健康型及安全型三类。舒适型主要是指在设备的功能上进行优化和完善，例如某台设备在支持本地控制的同时也能够在室外对其进行远程操控。这样一来，家居的使用时间变得灵活，也能够实时跨越空间的维度进行使用。而健康型则针对于使用者的身体健康管理，例如室内通风、空气净化、残疾人特殊照顾等。安全型则强调对室内空间安全性的监控，例如防盗报警、对讲装置等。[1]

　　（2）发展状况。

　　智能家居属于室内设计中的使用环节部分，它是伴随着科学技术的迅猛发展，以及人类对空间使用更加人性化的需求而产生的。关于智能家居，它的概念起源很早，但是具体案例的出现还要追溯到 1984 年由美国联合科技公司设计的首栋"智能型建筑"。之后在其他国家，特别是欧美、日本、新加坡等，智能家居才得以广泛应用。而我国的智能家居起步稍晚，是在 20 世纪 90 年代末期。[2] 就现在看来，它还属于国内室内领域的新生产业，正处于导入期与成长期的临界点，因此也具有良好的发展前景。

1　窦强，葛鑫，冉述，等. 智能家居发展现状研究 [J]. 科技世界，2015（18）：171-172.
2　维基百科. 智能家居 [EB/OL]. [2005-08-14]. http://wiki.mbalib.com/wiki/%E6%99%BA%E8%83%BD%E5%AE%B6%E5%B1%85.

我国人口基数大，社会建设活动发展迅猛、产业发展多样化，这些对于智能家居的发展具有很强的带动作用。特别是在医疗、建筑、通信产业中，智能家居的占比尤为重要，从工程通讯、医疗监控等广泛涵盖的特性中可以看出智能家居已经渗透到了工作、生产和生活的方方面面了。与此同时，由于智能家居具有产业链较长、需求量大、渗透性强等特点，它也能够带动相关的制造、通信等产业的发展，形成一个相互促进的作用。[1]

目前，我国智能家居处于一个良好的发展环境，具有很大的发展前景。以智能家居领域出现的"云＋端"智能模式（图 2.96）为例，它通过互联网云计算平台来进行生活服务参数设置与服务，使用者通过智能终端进行连接与管理，更加人性化。但是，它也面临着一些发展挑战。首先，我国智能家居产业起步较晚，但是后期发展速度快，这在一定程度上导致了行业的发展不规范，也出现了非规范化发展带来的各方系统不兼容的问题，不利于市场良性的竞争与产品后期跨领域合作的开展。其次，在使用过程中也存在"不智能"的智能化。也就是说在智能家居安装过程中程序复杂，后期维护成本高，同时客户使用过程中操作不够简易，对于年龄较大的人群来说是非常不利的。最后，从使用状况上来看，现阶段的智能化家居大多应用于技术水平需求较低的产品上，例如住户的布线系统、门禁系统、监控系统等。同时，智能家居在对用户信息安全保护方面也需要进一步完善。

（3）展望。

智能家居使我们的生活更加便捷、高效和安全，同时对资源的跨时空应用也能够很好地解决，人们通过手机来操控家中的一切，节约了时间成本。同时，一些大型公共场所利用智能家居系统也能够有效地对场所进行管理。就现阶段而言，在很长的一段时间内，智能家居具有很大的发展前景。智能家居的未来发展要求主要包括三个部分。

①要不断规范智能家居系统体系，使其朝着更加标准化的方向发展。这不仅能够提升用户体验，同时也是智能家居未来发展所必须经历的过程，只有标准化和规范化才能保证其更加高效与全面的融合发展。

②要继续完善智能家居的用户体验，这包括使用方式便捷化、个人信息安全化、功能服务多样化等方面。同时随着环保观念的深入，利用环保手段降低能耗、降低成本也将是未来的发展趋势，这将更加迎合使用群体的期望。

③从智能家居系统技术偏好转向于融合家居艺术感的提升，也就是说，未来智能家居不仅具有传统家居的使用功能与智能化服务，同时也将产品设计感与艺术感与之融合，包括智能家居外观设计（图 2.97）等的优化以及终端操作界面的优化等。相信在不久的将来，智能化家居将会与日常生活更加贴近，越来越多的家庭都能够拥有一个专属的智能化生活。

---

[1] 贾宗衡，李常青. 浅析中国智能家居的发展现状和未来趋势 [J]. 中国高新区，2017（18）：39.

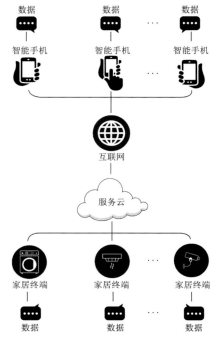

图 2.96　"云 + 端"智能模式

图 2.97　智能家居外观设计

5. 全屋整装

家居设计装修似乎是一个非常庞杂的事情。以往的家居装修需要业主、设计师、工人、材料商等共同完成，业主和设计师需要耗费大量的精力。为了解决这种弊端，一个标准化、统一化的装修模式应运而生。

（1）概述。

全屋整装是近年家装行业的新趋势，它主要是以客户的需求为中心，将基础装修、材料产品、固定家居、活动家居、软装配饰、厨房家电等有机结合，为客户提供一个全面的家装解决方案。与传统家装相比，全屋整装具有安装更简易快捷、更保温隔热节能、风格更多样化等特点。这主要是因为全屋整装是一个系统过程，在各个环节上都通过一定的流程环环相扣，省去了传统家装过程中的零散采购、配送等问题，化零为整，更加高效系统地进行装修。

正因如此，全屋整装是一个非常庞大的概念，这对企业的要求非常高。就目前而言，虽说在各大装饰公司都有全屋整装产品线，但是能够真正实现全屋整装的企业是非常少的。因为在软装方面，由于材料、技术等的多样性和复杂性，并不能完全做到统一采购与装配。同时，行业内部关于后期保障责任的划分以及货品渠道明确化都有所欠缺，这些对于消费者来说都是不平等的。

（2）展望。

关于家居设计装修方式的发展，一般认为它包含两个方面的内容：一是需求推动，二是社会推动。

一切产品的出现都来源于特定的需求。根据马斯洛的需求理论（图 2.98），可以大致了解到人类需求的层次像阶梯一样从低到高分为五种：生理需求→安全需求→社交需求→尊重需求→自我实现。现阶段，人们对家居空间的需求也发生了巨大变化，由传统的满足生产及生活转向自我实现的方向发展，家居空间变得更加个性化与理想化。例如现在一般家庭在家居空间布置时会更多地考虑到老人与小孩的需求，符合老年人的便捷、安全的家居布置出现，儿童娱乐空间（图 2.99）的比例上升。又例如，随着直播文化、自媒体文化、社交 App 的普及，家居空间不再是单纯的个人生活空间，它也可以是一个展示与创收的生产空间，因此空间的布局和设计也随之产生了颠覆性的变化。

除了以上的需求变化对家居空间的影响以外，信息化发展也给人们的生活带来了巨大的变化。世界变得更加透明，事物变得触手可及，时空跨越更加高效便捷，虚拟与现实能够相互转换。这些无疑都对家居行业产生了巨大影响。在这种时代背景下，全屋整装系统可以通过数据信息的处理手段，将用户需求信息进行搜集、积累，并通过相关运算分析，呈现出设计最优化结果。这样设计师在方案设计上就能够有一定的非经验性的科学参考，给客户提供更加符合他们意愿的设计。同时，室内全景漫游技术在全屋整装的环节中也可以加以运用，能够更加便捷、直观地向客户展示，实现方案的可视化。除此之外，如今流行的居住模式（如共享居住空间等）也可以与整装系统相结合，通过对室内空间优化达到共享空间的最佳居住效果；从复杂性角度来看，全屋整装涉及的行业供应链非常庞杂，通过对产品信息供应系统的归类优化，能够在很大程度上改善其在实际操作过程中出现的环节"断层"现象，能够较好的实现"一站式"服务，这也是全屋整装行业未来所努力要实现的目标。

图 2.98　马斯洛的需求理论

图 2.99　儿童娱乐空间

6. 室内 VR 技术

随着科技的发展，跨时空交流对我们来说已经不再陌生。人类生活的世界不再是眼前能够看到的世界，它的范围远远超出了想象。这是人类观念意识的进步，同时也是未来发展形式的预兆。

（1）概述。

VR 全称为 Virtual Reality，即虚拟现实，是美国 VPL 公司创始人杰伦·拉尼尔（Jaron Lanier）于 20 世纪 80 年代提出的概念。VR 主要是利用计算机图形系统和各种控制接口设备，在计算机上生成的可交互的三维环境技术。[1] 随着科学技术和互联网的发展，VR 技术已经在许多领域有所涉及，例如城市规划、工业仿真、古迹复原、房地产销售、旅游教学等。在建筑室内领域，主要体现在室内效果的呈现与表达上，即设计师通过 VR 的模拟功能，将设计理念可视化，使得顾客能够直观了解到设计的最终效果。这在一定程度上减少了设计师与客户之间沟通不善的问题，同时也简化了设计工作的流程，后期的设计修改也更加便捷，同时也减少了重复修改带来的时间、人力成本的消耗。

（2）VR 技术特点在优化室内设计中的体现。

①沉浸性特点，又叫临场感，主要体现在设计成果的表现上。也就是说它可以通过创建场景来还原真实世界，客户通过 VR 眼镜和传感器（图 2.100）等终端设备能够感知到以假乱真式的虚拟空间，给顾客以身临其境的感觉。它能够较高地还原设计空间效果，提高顾客对方案的感知程度。这比传统的图纸表达更加直观与全面，弥补了表达手段有限带来的缺点。

②交互性特点，主要体现在虚拟环境对人的感觉真实性的模拟。人们利用传感器设备来与虚拟环境中的物体进行交互。简单来说，用户在虚拟场景中手握着一本书，传感器就会将手握书本的感觉传达给用户，这样不仅能够满足视觉上的模拟，也满足了视觉以外的其他知觉的模拟，使得虚拟场景更加具有真实场景感。

③想象性特点，主要体现在虚拟事物与人认知的互馈效果。简单来说，VR 技术可以将现实世界未发展的事物虚拟出来，使用者通过沉浸其中获取新的知识，可以提高其感性认知能力，并由此进行联想创造，为设计提供更多的发展思路。

（3）发展。

VR 技术最早出现在欧美等发达国家，其运用范围已经涵盖了科学技术研究、工业、军事、文化、医疗、房地产、旅游、医学等多个领域。[2] 在我国，VR 技术的研究和发展相对较晚，其发展程度与欧美国家也有较大差距。但是随着我国经济与科技的进步以及国家部门的支持，它在生产生活中的应用也越来越广泛，为各界企业未来发展提供了新的机遇，同时新技术的发展也为社会带来了许多就业机会。

在国内，针对室内设计行业的 VR 全景技术应用发展迅速，如现有的酷家乐、三维家（其操作界面如图 2.101）、房盒子、微图网等 VR 全景虚拟效果图制作软件系统平台已经在装饰设计行业中得以推广应用。传统的室内设计基本都是依靠图纸或利用计算机的二维、三维图像进行展示，用户在参与上会遇到一定的局限。

[1] 蔚建元 . VR 技术在建筑室内设计中的应用探讨 [J]. 设计，2016(8)：54.
[2] 杨通明 . VR 全景技术在室内设计中的应用思考与分析 [J]. 西部皮革（理论与研究），2017，39（22）：47-48.

如今 VR 技术可以邀请更多的用户进行模拟体验，设计人员可结合用户的需求与意愿改善设计。

图 2.100　VR 眼镜和传感器

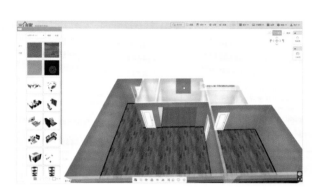

图 2.101　三维家操作界面

（4）展望。

通过以上分析可以得知，VR 技术在建筑室内设计的运用在一定程度上降低了设计的成本，简化了设计工作流程，并且给客户与设计者之间提供了一个良好的沟通途径，使得客户对设计方案的感知度提高，同时反馈的信息也有助于继续优化方案。可见室内设计的 VR 应用有利于行业的可持续发展。但是，现阶段的 VR 技术应用成本还比较高，值得肯定的是，随着科学技术的加快发展，虚拟现实系统的成本会越来越低，模拟效果也会愈加先进，这将推动整个室内设计行业的进一步发展。

7. 小结

英国著名作家狄更斯在《双城记》里写到："这是最好的时代，也是最坏的时代；这是智慧的时代，也是愚蠢的时代；这是信仰的时期，也是怀疑的时期；这是光明的季节，也是黑暗的季节；这是希望之春，也是失望之冬；人们面前有着各样事物，人们面前一无所有；人们正在直登天堂，人们正在直下地狱。"

从中可以看出"时代"这个标签已经深深地印在了人们的工作与生活中，在短短的二三十年间，世界变得越来越复杂、多样。人类所看到的、接触到的、听闻到的已经不再是过去记忆中的世界，世界的经济发展迅速，社会变化巨大，思想更加包容，只要稍不留神，就会被社会遗落在发展道路的角落里。人们无时无刻不在接受着新的资讯，浏览新的事物，感受到的永远都是新奇陌生的世界。

在这样的环境下，可以说万事万物都在不断地更新与变革，人们的物质生活和精神生活正在发生着翻天覆地的变化，消费观念和消费方式也都与时俱进。而室内装饰成为消费的一个重要内容，这必然要求住宅建设不断增加科技含量，实现住宅产业的现代化，进而要求其内部要打破以往的盒子式设计。因而室内设计的发展必定是受人们需求的发展而变化的，这是受时代影响的一个重要表现。系列化、集约化、智能化、配套化将会是室内乃至整个建构行业的发展趋势。

2.2.4 日常生活观察

基于人与环境关系理论，"环境"这个概念的定义非常之宽广，除却人本身的外在事物都可称之为环境，而且这其中包括人文的、物质上的所有要素。交互、渗透、发展的这种关系，说明了人与环境之间的关系是一种能动性的交替关系。[1] 相马一郎提出："环境可以说是围绕着某种物体，并对这物体的行为产生某些影响的外界事物。"[2] 美国社会生态学教授 G. 伊文斯在《环境应力》中解释了环境与行为之间的关系，而这种关系主要从两个方面来体现，一方面行为影响环境质量，一方面周围环境又影响人的身心健康。因此，环境必然影响人的行为，也将限制人的行为。这也就是说，人不应该成为环境决定论者。在环境艺术设计中，作为设计师应该着眼于周边环境，并且通过设计使环境达到最优的状态。设计的主体是"人"，放在当今社会指的是"设计师"。所以设计师首先应该了解的问题是，该从何处寻求设计的开始，这就需要设计师们培养一双善于发现生活问题的眼睛。做设计不仅要"仰望星空"，更重要的是"脚踏实地"。

1. 室内"特殊群体"的设计问题

（1）为老年人而设计。

老人群体在当今的社会里的生活受到越来越多的关注，在现代社会中已经出现许多为老年人而设计的产品如自动立正的扫帚（图 2.102）和拐杖放大镜（图 2.103），然而在做室内设计的时候，特别是在医院、养老院等老人活动较多的地方进行室内设计时，应该充分地考虑到如何通过设计来为老人提供生活的便利性和无障碍性。例如地面防滑处理、室内无障碍坡道、急救按钮等弥补性环境设计就是从有利于老年人的生活环境出发，最大地发挥老年人的主动性，同时又不过分地弥补，以免使老年人丧失较好的机能。

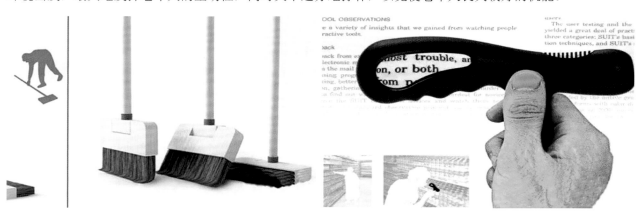

图 2.102　自动立正的扫帚　　　　　　图 2.103　拐杖放大镜

---

[1] 李道增. 环境行为学概论 [M]. 北京：清华大学出版社. 1999：12-14.
[2] 相马一郎，佑古顺彦. 环境心理学 [M]. 周畅，李曼曼，译. 北京：中国建筑工业出版社，1986：12.

（2）为母婴而设计。

目前，在公共空间室内设计中，为母婴提供便利的室内设计并不是特别普及。一般的大中型商场都会设有专用的母婴室（图2.104）和母婴室标志（图2.105、图2.106），但是这样的设计在其他的公共环境中几乎没有考虑到。在公共空间的室内设计中，合理的母婴室不但能够为母婴家庭提供良好的功能支持，而且能够在商业空间中倡导人性化的服务和消费体验。那么，针对公共空间的母婴室设计上的问题与建议，应该关注母婴群体的需求与体验，同时对已有的设计样式进行细节上的分析与优化。

图 2.104　某商场母婴室　　　　　　　图 2.105　母婴室标志一　　　图 2.106　母婴室标志二

（3）为残疾人而设计。

残疾人是特殊的人群，他们不能够像正常人一样拥有全部的能力，不能够完整地去感知外在的世界。因此，设计师不仅要关注身边的小环境，也要关注社会的大环境，为这些特殊的人群考虑（图2.107、图2.108）。设计不只是一种用于规划和创造的工具，它更应该是设计师与使用者之间用心交流的工具。每一个设计的作品不仅仅是"理"的体现，更重在"情"的表达。图2.107为某室内无障碍卫生间，图2.108中医院走廊内的扶手设计方便残疾人使用。

图 2.107　某室内无障碍卫生间　　　　　　　图 2.108　某医院走廊内的扶手设计

2. 室内特殊空间的处理问题

（1）老旧建筑室内空间处理。

随着城市的发展，必然会有一些老旧的建筑将会被淘汰。有些建筑年久失修，会存在一定的安全问题，有些建筑因为人们生活习惯和居住模式的改变需要改造。这时候为了让这些老旧的建筑物焕发新的生命力，并且符合现代人的生活习惯，就需要设计师对其进行重新规划与设计。如老旧水塔改造的住宅（图 2.109）及其内部空间（图 2.110）。

图 2.109　老旧水塔改造的住宅　　　　　图 2.110　水塔住宅内部空间

（2）非正常空间处理。

在进行室内设计时，经常会碰到像层高过高或过低、锐角空间、多边形空间等不太理想的室内空间结构，如果设计不当，往往会造成空间的巨大浪费。如何有效地利用这些非正常的结构，就需要设计师利用非常规的设计手法，打破空间重组，巧妙地融入室内结构。图 2.111 为某异形室内平面图，其平面优化方案如图 2.112 和图 2.113 所示。

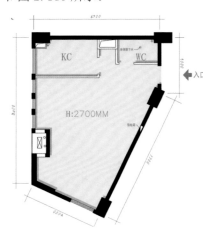 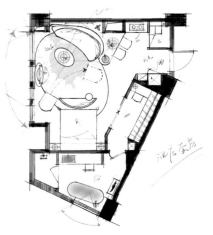 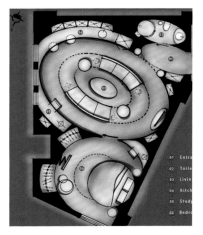

图 2.111　某异形室内平面图　　　图 2.112　平面优化方案一　　　图 2.113　平面优化方案二

（3）室内空间的改造再利用。

每个室内空间都有其更新换代的节奏，很大一部分原因是室内空间功能的改变。在室内空间改造利用上，新的元素可以通过不同的方式与已存在的室内空间进行有效的结合，办公室可能改造为酒店，商店可能改造为餐饮店等。图2.114为教堂改造为书店，书店内部空间如图2.115所示。作为设计师应该要考虑如何将这些室内空间在改动最小并且花费最少的情况下满足将来空间所需要的种种功能。

图2.114　教堂改造为书店

图2.115　书店内部空间

3. 室内污染问题

（1）空气污染。

室内空气污染是指由于各种原因导致的室内空气中有害物质超标，进而影响人体健康的室内环境污染的现象。随着大众室内环境意识的提高，人们越来越关心室内空气对人身体健康的影响。为了控制室内有害物，改善室内空气的品质，可使用绿色环保的建材，合理利用空调、空气净化器以及室内绿化（图2.116、图2.117）等来净化空气。室内空气污染的防治工作不仅需要从污染源头上控制，还需要人们在生活中具有环保意识，同时结合科技手段来优化设计，从而有效地减少室内空气的污染对健康的影响。

图2.116　室内垂直绿化

图2.117　小面积绿化装饰墙

（2）噪声污染。

社会的快速发展，人们生活水平的不断提高，城市交通、建筑、家庭现代化设施的增多，由此带来的环境噪声已成为污染人类社会环境的公害之一。噪声污染被公认为仅次于大气污染和水污染的第三大公害。噪声污染主要来自室外和室内两部分，其对人们身心健康的危害极大，严重干扰了人们的休息和睡眠。在人们日常生活中，不仅在居住空间内需要为居民创造安静的生活起居氛围，在公共空间，例如医院、电影院、餐厅、图书馆等，都需要考虑室内隔音设计问题。深圳百川国际影城内部空间（图2.118）和天津滨海图书馆内部空间（图2.119）在设计时充分考虑了隔音问题。设计师需要从设计的根源上来隔绝这些噪声污染，还人们生活环境一片安静。

图2.118　深圳百川国际影城内部空间

图2.119　天津滨海图书馆内部空间

（3）材料污染。

随着绿色设计、循环设计理念的兴起，剩余装修材料的处理及循环使用问题应该得到设计师的重视。在当今社会中，不论是在小区住宅的楼道里，还是马路上随处都可见被丢弃的建筑垃圾，这些废弃的建材不仅破坏城市的整体环境，还在很大程度上造成了资源浪费。所以，设计师应该培养设计的全局观，这种全局观不仅仅单纯体现在设计上，在接触设计的伊始就应该考虑剩余材料的循环再利用、生态的恢复、建筑或者室内空间的使用生命周期等不可忽视的问题。

室内设计是一个完整的系统，空间环境设计、装修设计、装饰陈设设计成为系统中互为依存、不可分割的三大体系。通过对日常生活的观察，可以发现人们身处的社会环境中的设计并不完美。作为一名出色的设计师，应该主动观察生活，去发现设计中存在的问题，并且通过巧妙的方法去解决问题。不同室内空间面临着不同的问题，所以这就需要设计师们拓宽自己的眼界，积累丰富的知识，最后指导自己的设计。目前大多数设计都是装修设计概念的产物，如何提高设计的水平，需要提升整个社会的共识，不断普及设计教育，提高人们的文化素养，宣传新颖的设计思想，这样才能真正地让室内设计在日常生活中达到理想的状态。

第三章　室内设计竞赛表达技巧

3.1 概念表达

在教育心理学中有这样一道题：概念是用什么来表达的？ A. 句子；B. 词；C. 言语命题；D. 图式。那么，这道题的正确答案是什么呢？ 在关于概念的定义问题研究中不难发现：概念实质是人类在认识过程中，从感性认识上升到理性认识，把所感知的事物的共同本质特点抽象出来加以概括，是自我认知意识的一种表达，形成概念式思维惯性——人类思维体系中最基本的构筑单位。[1] 从这一层意思上看，基本可以得知概念其实是用词语来表达的。比如"温暖""构筑物"等词语即表达了一种概念，同时人们也可以发现不管是"温暖"还是"冷漠"，"构筑物"还是"自然物"，都是一种抽象的、普遍的想法或者观念，人们选择使用这些词语去尝试描述某一个实体、某一事件或者某一段关系。所以在这里所提到的"概念"就是一个意义的载体，概念既是有内涵的，也是有外延的，在设计竞赛中找到参赛者们的思维活动的结果和产物的"词汇"是十分重要的，这些词汇可以用来标识和记载设计者思维活动。

有关概念，参赛者们还应该知道，一个单一的概念是可以用任何种类的语言来表达的。比如说，香菇的概念可以表达为英语的 mushroom，西班牙语的 seta，法语的 champignon，同样香菇也可以用简笔画或者照片指示出来。在这里对"概念"的深入解析，目的是为了给参赛者们一些思想启发。表达概念究竟是在表达什么？如何表达概念？除了概念还应该表达什么？这些问题应该是参赛者在拿到竞赛题目时就应该思考的。

3.1.1 概念表达的含义

概念表达用一句通俗易懂的话来说就是把本应该表达的东西抽象出来并表达出来。现代传媒与心理学认为，概念是人对能代表某种事物或发展过程的特点及意义所形成的思维结论，设计概念则是设计参与者对设计过程、设计活动中所产生出来的感性思维进行整理归纳并提炼后所形成的思维总结。所以这就要求参赛者在设计的前期阶段对设计竞赛的主题进行全面、周密的调查和头脑风暴，设计者不仅要了解竞赛的具体要求及出题人的意图，还应该关注并分析整个竞赛设立的目的意图，了解其背景，包括地域文化、意识形态等。最后再加上参赛者独立思考后的内容，在想法与构思上提炼出最为精准的设计概念，并通过图、表、模型、数据分析等形式准确表达出来。

设计竞赛的核心是概念设计。创新竞赛不同于一般的项目投标，它所要求的就是参赛者能够敢想、想做、敢创新，想别人没想过的，做别人没做到的。一个竞赛作品能否得奖有很多的影响因素，其中包括图面表达效果、逻辑完善程度、排版美观程度等，但这些都不算是核心问题。什么是核心问题呢？参赛者的作品能否

---

[1] 梁爱林. 术语学研究中关于概念的定义问题 [J]. 产品安全与召回, 2005(2):9-15.

在众多的投稿作品中脱颖而出绝大程度上就在于其中的核心竞争力——概念。而参赛者能否将其概念以精准、简洁易懂的形式表达出来又很大程度上影响着参赛者的想法能不能准确传达给评委。

3.1.2　如何找到核心竞争力

1.　从"你"出发

　　每个参赛者的爱好与研究方向永远是区别该参赛作品与其他参赛作品的方式之一，这是参赛者作为"参赛者自身"的重要标识，同时也代表着参赛者自己的思维水平与高度。比如一个人的爱好是跨学科的，不受束缚的。一个中年人也可以沉迷于精美细腻的蕾丝、礼服；一个 6 岁刚上小学的小孩也可以喜欢相对论。自然、历史、化学、地理、科技、绘画、宗教、符号、哲学、文学、医学、电影、戏剧、逻辑又或是个人极端癖好，都可以成为发掘关系的起点并进一步产生概念设计。

2.　注重日常生活中的观察

　　"不管是有目的的还是出于好奇心，或者采取系统的方式，或者采取随意的方式，但是，无论如何，观察是必要的。"[1] 设计绝对是一个要学会用眼睛去观察的工作。来自华工建筑学院的何志森老师因为发表演讲"城市跟踪者"而一夜爆红，其主题的精髓就是——同理心。一个设计者只有把自己放在需求者的角度上去观察，去思考，才能真正了解到解决此问题的基本方式。与设计服务对象交谈，体验生活，记录细节，寻找话题，从而激发创作灵感。不管是轮椅使用者、大龄未婚人士、侏儒症患者，又或者是"渐冻人"，所有这些人群，一定有从他们角度可以看到的对现有设计做出修改的出发点。另一方面，除了人本身，观察自然界的运动，诸如雨的形成、动植物的生长变化与运动、分子的结构等也能为我们的设计带来启发。所以，观察这一环节对于设计竞赛整体概念的构建必不可少。

3.　经常保持"怀疑"态度

　　这个长方体是一张桌子还是一张床？床一定是长方体吗？可以是圆吗？可以是三角吗？能做成三角形的一定是紫菜饭团吗？紫菜饭团一定只能是吃的吗？能把衣柜设计成紫菜饭团一样，让人记忆深刻又富有内涵吗？以上所有问题都是从一个简单的怀疑开始的，由这个简单的怀疑开始，参赛者可以展开头脑风暴，开展资料收集工作，大胆提出假设，不断推翻假设，反反复复，在这个过程中，相信参赛者们会发现一个全新的视角。

---

[1] 阿尔伯特 • J. 拉特利奇 . 大众行为与公园设计 [M]. 王求是，高峰，译 . 北京：中国建筑工业出版社，1990：156.

4. 尝试建立联系

在以上三点中寻找到创意灵感后，参赛者就需要开始建立设计竞赛作品与这些特点的联系，即建立创意思维图（图 3.1）。一般来说，充分查阅资料，充分分析与延展获得的想法，发散大脑思维，增加更多关键词，是前期必不可少的准备工作。以下是一个可供参考的思维过程。

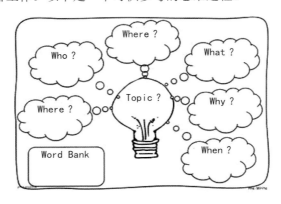

图 3.1　创意思维图

首先，参赛者 A 是一个电影的狂热粉丝，他对于各式电影都有所涉及。尤其喜欢法国动画电影，痴迷于其中的人物形象设计、配色风格、音乐旋律、构图角度以及整篇叙事节奏。

其次，参赛者发现在生活中的很多人都会有下意识的"收藏癖"，大家喜欢把自己喜欢的千奇百怪、各种风格的东西放在一起，哪怕这些东西在一起毫不搭调，但是这些物品的拥有者似乎就是一个有着多变性格与爱好的现代白领。美国设计师唐纳德·诺曼的书《设计心理学 3：情感设计》就提到了关于人对于物的复杂感情，而且这不仅仅是一个心理学问题，也是一个社会学问题、经济学问题、哲学问题。是不是可以从各个角度剖析"物"对于这个使用者所带来的影响呢？

再次，参赛者 A 首先对风格趋于统一的室内设计风格提出质疑：每一个房间只能保持同一个风格吗？只能在同一色系中吗？能不能卫生间、厨房、卧室每一个房间都是不同的装修风格？卧室可以用卫生间的材料吗？厨房可以也有电视机吗？或者放一个床头柜？

最后，参赛者 A 如果想要为这个白领设计一个 75 平方米左右的单身公寓，能不能先做一系列生活观察，了解这个人的生活习惯，获取完整的人物形象，再根据他的着装风格来配合室内颜色和软装材质的选择？如何在这个房间里营造出生活的节奏感呢？使用者所迷恋的那些"物"是不是可以被分门别类地安置在不同房间的"好奇柜"当中呢？例如在卧室里，为了让使用者变得轻松，让思想漫游，可以随意布置一些使用者平时收藏的领带、花式短袜等，用这些设计成抱枕、毛毯。在书房中，为了让思想聚焦，集中注意力，有规律地摆放些使用者日常使用的手表、笔记本等。能不能把使用者的生活形态融入到每一个房间，不论他停到哪里都是一幅画，使用者可以随时记录这些瞬间并形成新的"物"。这些都是值得去思考并探究的问题。参赛者也还应该更多地关注于方案的出发点以及概念是如何转化为实际项目的，只一味地天马行空也是行不通的。

3.1.3 几种表现方式

有了好的想法，一定要配合好的表达手段，好的表达是传达你思想的重要工具。就跟查案一样，要有细节，要有证据，才能一步一步接近真相。下列几种表现方法可供参赛者参考。

1. 手绘概念图

手绘概念图（图3.2）的优势在于能够将参赛者的思路形成过程不带修饰地直接展现，这是最容易拉近作品与评委距离的方式，亲切、自然，永远不会过时。手绘能力好的参赛者将思维过程通过这种方式展现将是一个亮点。

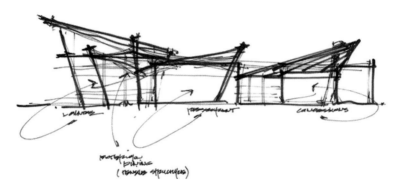

图3.2　手绘概念草图

2. 变形图

变形图（图3.3）是指通过Photoshop、AI等技术工具将参赛者的想法编辑之后呈现的图纸。这类表现方式可以给参赛者提供充足的后期加工空间，并且表现方式多元，重点在于思路过程的形成以及各种因素的相互作用。

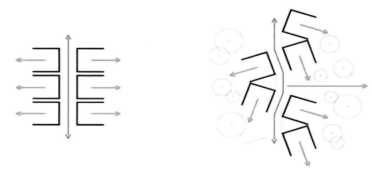

图3.3　变形图

3. 意向板

意向板（图 3.4）在国外通常被称为"情绪板"（Mood-board），即由很多不同元素但拥有相同主题的图片组成的展示文件，这要求参赛者能对要设计的产品以及相关主题方向的色彩、图片、样品甚至影像或其他材料进行收集，借由此引发观者的某些情绪反应，参赛者将此作为设计方向或者形式的参考。这种方式在室内设计的生成阶段是一种十分基础并且必备的概念展示方式。目前国内的很多 App 或者网站都在提供这种快速生成意向板的服务。这类表现优势在于能够将整体色调、材质、配件、风格等的走向通过各类图片、色块的组合进行综合表现，不失为一种高效率表达的典范。

图 3.4　意向板

4. 思维导图

近些年，来思维导图的选用也越来越多，主要运用在一些逻辑思维强、需要严密推倒的主题表达上。如图 3.5 所示为社会分层理论进程的思维导图，研究者应找到相关理论，研究其差异性、相似性，并总结归纳。在整个思路过程中再产生新的外延，最终确定整体竞赛所要表现的概念主题。这是一种直观形象地表达知识结构的方式，观者能清晰了解参赛者的出发点、思考过程、相关性以及落脚点。对于将整体概念作为竞赛亮点的作品来说，思维导图是一个很好的选择。

5. 混合表达

似乎每一种单一的表达方式都只能体现部分参赛者想表达的概念。其实，尝试将这些方式进行混搭也未尝不可。根据参赛者的风格进行融合与搭配需要坚持以下原则：图纸的信息可传达性。只靠炫技与复杂难懂、看似高深的表现来博眼球的图纸只有可能是华而不实的，不仅不会成为加分项，还有可能成为减分项，希望参赛者能记住这一点。

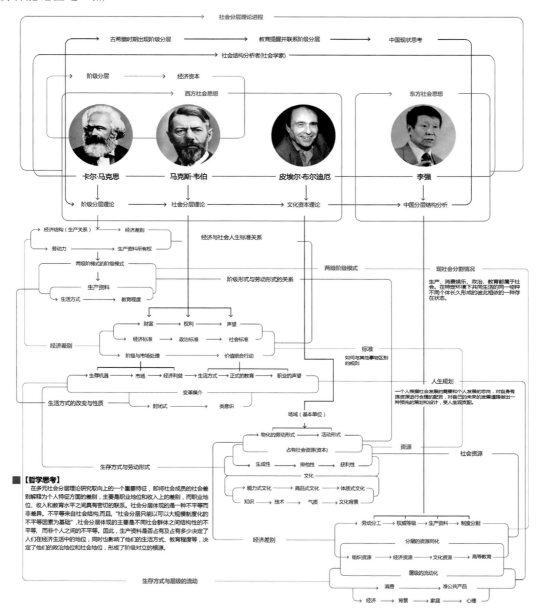

图 3.5 社会分层理论进程思维导图

3.2 效果图表达

在大量的竞赛图纸中，一眼看上去最吸引人的图纸就是占据了绝对版面的效果图。除了室内设计本身，效果图的图面表达也是参赛者参考学习的重要方面。同一个建筑，选取表达的角度不一样，可能造成观者对这个建筑的感受也不一样，如图 3.6、图 3.7。

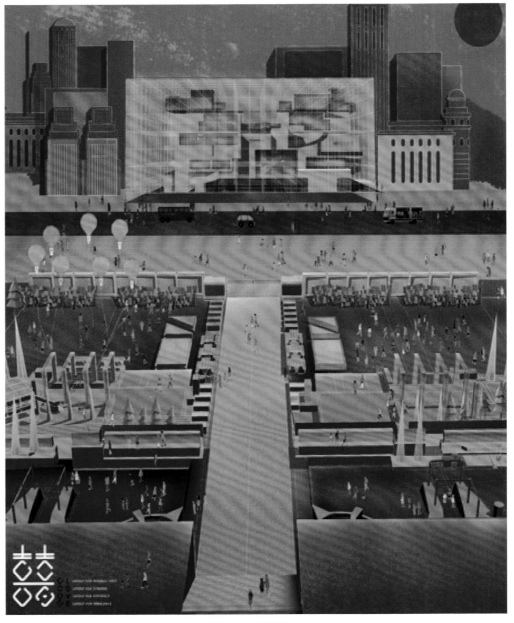

图 3.6　效果图一

效果图一从俯视角度将建筑的正立面及其周边环境表达出来，着重强调其尺度及外观，给人一种震撼之感。而效果图二从建筑内部出发，着重强调建筑内部的光影变化，又选取较低的视角给人一种置身其中、与自己息息相关的感觉。两者结合使得观者把这种压抑、强调的氛围移情到自己身上，刚好达到了表达者的目的。

图 3.7　效果图二

3.2.1 如何提高绘制效果图的能力

手绘效果图技法是环境艺术设计专业、建筑设计专业、城乡规划专业、风景园林设计专业一门必修的专业基础课，其重要性自然不言而喻。这门基础课对设计者掌握基本的设计表现技法、理解设计、深化设计、提高设计能力有着重要的作用。同时，效果图也是设计者与评委沟通的最好媒介，对评委们的决策起到一定的作用。因此，一幅表达有力的效果图是参赛者艺术性地并且完整地表达设计思想的最直接有效的方法，也是判断参赛者水准最直接的依据。近些年来，设计效果图随着现代科技与审美水平的不断发展，电脑辅助制作技术越来越多元化，效果也越来越多样化，利用 3d max、SketchUp、V-Ray 等作图各有其长项，在此不作一一论述。但是掌握良好的效果图表达技巧，对于参赛者在今后设计创作竞赛的实践中不断增强以及完善设计方案的能力具有十分重要的意义。尤其是对于设计竞赛来说，学习室内效果图的多样化表达技巧，是迅速提高自己整体图面表达能力的重要方式，任何一个环节都应该悉心磨炼（图 3.8）。

1. 角度

参赛者选择的角度怎么样在很大程度上决定了整个构图的走向，构图好坏是整个画面是否成功的关键，什么角度的效果图表现力更强，从哪一个角度能够体现设计的最大特色，是设计者必须思考的问题，并要能从角度中生成自己独特的设计逻辑。仰视角度给人带来的感受关键词是敬畏、距离、渺小等；平行视角给人带来的感受是可接近、亲切、温暖等；微观视角给人带来的感受关键词是好奇、探索感、亲密、惊讶等。大家可以通过奢侈品牌诸如 GUCCI、CHANEL 等和亲民品牌 GAP、H&M 等的室外广告牌的设计来感受这种角度所带来的力量。

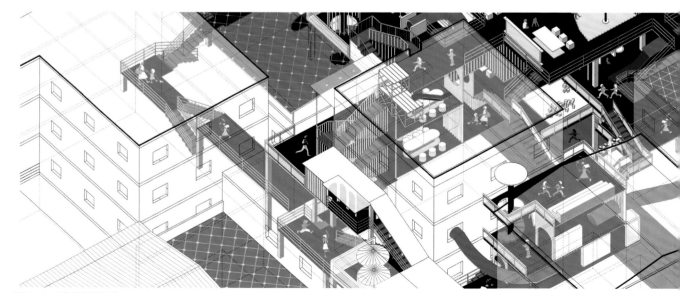

图 3.8 效果图赏析

2. 富有细节的模型

目前业内不乏由几根线条开始，通过 Photoshop 直接作成一张完整效果图的"大神"，这些人的技术与功底的确是令人佩服的，但是他们的作图方式不一定适合初次参加竞赛的参赛者或者时间节点很近的参赛者。为什么要有一个富有细节的模型呢？首先，一个良好、深入细致的模型能够帮助参赛者整理思路、深化概念，也就是说模型能够帮助参赛者思考。其次，模型的细化程度能够影响最终的出图效果，任何后期技术在一个建模混乱上的渲染图上是没办法添加点睛之笔的。最后，前期的时间投入能为后期的美化与排版节省大量的时间，不至于在赶提交节点上乱了阵脚。

3. 精致的线条

底子做好了，想要精益求精，对于表面的细节自然也是不可忽视的。和大家开始接触素描的时最开始要练习线条的原因一样，经验丰富的评委能从一个人的线条看出他的基本功。可能大家目前所习惯的是直接导出模型，渲染图，然后上色，加配景，但是从来都没有考虑过线条的问题，但是，线条其实也是富有变化的，不管是虚实、长短、粗细、线型，是断线还是点线，都是可以根据画面需要作出调整的。这里只提供思路，希望参赛能够积极去探索。

4. 丰富的肌理变化

室内设计中包含的材料一般来说比建筑设计所包含的多得多。肌理在一定程度上可以理解为材质。在有限的空间中表现尽可能多的材质变化，对丰富整体画面有很大的帮助，也能给评委提供更多可以观赏的细

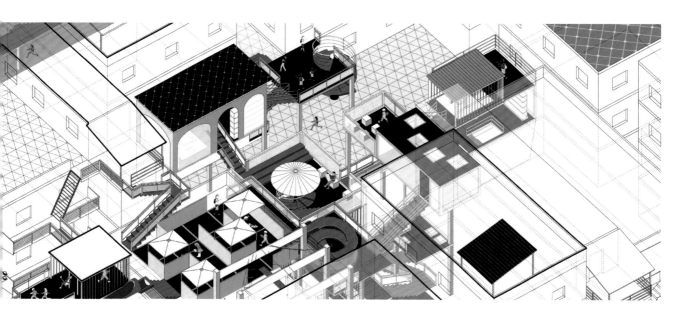

节，对参赛者整体室内设计方案的概念、空间营造、质感提升也有很强的促进作用。

5. 整体色调

整体色调的调整多是侧重于气氛的营造，以及对空间质感的烘托。在学习水彩画的初级阶段，大家都接触过冷暖色调的概念，在效果图表现方面也是一样。很多人在调整细节的过程中也许会忽略对整体色调的把控，但是一个好的色调会让整体图面更具有吸引力，良好的风格选定也离不开色调的帮助。

6. 适宜的配景

对于室内设计竞赛来说，配景是很重要的一部分，对于整体画面有很强的支撑作用。室内配景一般包含软装、动植物、人物等。这些配景不是说越多就越好，参赛者首先要知道这个室内设计的重点是什么。如果是想打造一个隐私空间，那么配景自然要以少而精练为原则。相反，如果是一个热闹的火锅店，那么就要以丰富且不杂乱为配景的原则。另外，配景的风格也是需要注意的，一定不能和作品的主题风格冲突。目前室内配景的风格以平面的二维图形（如妹岛小人或者以真实素材）为主，两者各有其优点，参赛者需要根据自己的效果图进行选择。

7. 适当的构图及剪裁

室内设计中的构图讲究更多的是参赛者能够发现室内空间节奏的美。突破一般室内效果图的局限，不一定要选取常规视角进行构图，可以寻找一些比较奇特的构图方式。比如特意营造的几何形，也许评委老师没法一眼看懂，但是这会使他产生好奇心，从而能使他在参赛者的画面前停留的时间多一些。在剪裁方面，也不要一味采用常规矩形构图，可以尝试不同形状，例如圆形构图（图 3.9）、三角形构图（图 3.10），或者多种类型的组合。

图 3.9　圆形构图

图 3.10　三角形构图

3.2.2 效果图的几种表现方式

1. 拼贴型效果图

拼贴型效果图（图3.11）可谓是现在效果图界的弄潮儿，拼贴型效果图最大的优点是不受束缚，能够最大限度把参赛者想表达的所有元素通过精巧的组合融合在一张图里。这种风格的效果图用时相对较少，并且具有高效、易实施的特点。当然其缺点在于不能很好地表现设计细节，容易陷入思考不深入、只求表现的误区。所以，想要设计一张高质量的拼贴图，也是需要认真思考和踏实的功底的，而不能认为这种表现方式就是一种捷径。

图 3.11 拼贴效果图

2. 清新冷淡型效果图

清新冷淡型效果图（图3.12）为广大的设计公司所青睐。该类型效果图的特点是低饱和度、偏灰的色调、淡雅的色系以及极少的配景。掌控其精髓的情况下能够轻而易举彰显出设计师的高端品位，对于设计竞赛也是一个能够突出整体品质的利器。清新淡雅的效果图的特点可以归为如下几点：①整体色调偏灰；②建筑主体色彩一定要少于配景色彩；③对比度不能高；④配景一定要干净简洁；⑤注意各部分的透明度调整。

图3.12　清新冷淡型效果图

3. 色彩轻快型效果图

"轻快"这个词一定与浓郁、丰富、厚重的意义相反。整体画面的色彩轻快程度和参赛者平时对整体画面的掌握水平有关。但一定要注意,色彩轻快型效果图(图3.13和图3.14)虽然提到了"色彩",但是还是以"少"为主的,颜色的饱和度也不宜过高,整体画面应该以突出轻松的氛围为主,和清新淡雅类风格故意压低整体氛围有着本质的区别。另外,通透的光感也是在这个风格里所应该奋力追求的。

图3.13　色彩轻快型效果图一

图3.14　色彩轻快型效果图二

4. 浓郁表现型效果图

　　整体画面色彩浓郁的效果图在现在的竞赛作品里也越来越常见了。浓郁表现型效果图（图3.15～图3.17）一般伴随着某一特定主题，是为了强化主题所渲染的气氛或内涵而特意使用的效果图风格。目前常见的有以黑色或红色调为主的室内效果图，主要表现的内容有昏暗的地下酒吧、夜晚繁华的街道、光线微弱的情调餐厅，重点强调的特殊色调如电影《非常完美》；突出恐怖主题起到令人惊醒作用的红色室内场景等。当然还有更多适合用浓郁色彩表现的场景需要参赛者们去发现。

图 3.15　浓郁表现型效果图一

图 3.16　浓郁表现型效果图二

图 3.17　浓郁表现型效果图三

3.3 分析图表达

效果图先行，分析图断后，一个设计竞赛作品需要大量的分析图来支撑。一个成熟的概念、一个吸引人的效果图背后一定少不了大量分析图的支持。分析图所涵盖的范围是很广的，表现形式也是多样的，这一章节将具体剖析分析图的妙处。

3.3.1 分析图的类别

在开始制作一张分析图之前，参赛者们首先要知道需要分析什么，重点是什么。对分析图的全面掌握建立在参赛者们对设计方案理解的深入程度之上，心中有图，才知道手上要做的事。

1. 设计需求分析

需求分析常常是产品经理的日常工作。一般来说，需求分析是指设计人员经过深思熟虑的分析与市场调研，能够准确掌握并理解用户以及项目功能、性能、可靠性等具体要求，并将用户非形式的需求表述转化为完整的需求定义，从而确定这个设计必须做什么的过程。这个设计一定是完美的、不留遗憾的吗？需求是人提的，人是会变的，那么需求肯定就不是一个静态的过程。这就意味着作为设计师，首先要知道如何分析用户需求，问卷调查、行为观察等都是获取用户需求的关键方法。其次是用户自己并不知道的潜在需求，不是每一个用户都会对自己的生活用心，但是参赛者作为问题的解决者，应该对这些潜在的需求负责。例如，如果用户想在一个小户型的单人房间里放下一个双人床加上床头柜。那么这个时候作为设计师应该提醒用户，在有限的空间内，要满足这两个条件不是不可能，但是考虑到是小户型，日后生活中的物品不断增加之后，储物会变得棘手，所以如何最大限度增加储物空间才是小户型的当务之急。最后，20 岁的用户和 70 岁的用户的需求毋庸置疑是不同的，如果一个设计的时间跨度太久，一定是不现实的。所以参赛者们在设计室内时需要符合 SMART 原则 [1]。

Specific——需求必须是具体的、明确的，不能模棱两可。

Measurable——需求必须是可以衡量的，要能够评价其好坏。

Attainable——需求必须是可以达到的（这个也是对方经常拿出来的理由，遇到之后参见要点一）。

Relevant——需求必须和其他目标具有相关性，没有意义的需求是浪费时间，要告诉对方意义何在。

Time-based——需求必须具有明确的截止期限。

同样地，需求分析也可以从以上五个原则入手。

---

[1] 彼得·德鲁克. 管理的实践 [M]. 齐若兰，译，北京：机械工业出版社，2009.

2. 平面、立面、顶面功能和造型分析

平面、立面、顶面的分析是室内设计竞赛中最基础的分析，其造型都是整体方案构成的一部分。对于造型的提炼、元素的应用，如果有特别出彩的地方，应适当提出分析，会给整体加分。对于功能分区部分，平面的功能分区一定是不可少的，立面根据不同情况可能有不一样的分区，从而形成不同的立面分析图（图3.18）。总之，这一部分的要点在于抓住自己的精彩点，在保证基础的情况下，向出彩冲刺。

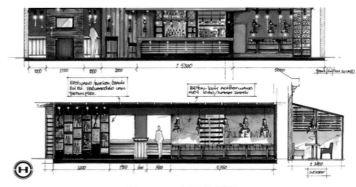

图3.18 立面分析图

3. 材料分析

材料绝不是效果图上一种颜色的色块可以代替的，这种材料的材质、厚度、大小、反光率，甚至拼接方式都会对设计效果产生影响，所以这也就是单独提出将材料进行分析的原因（图3.19）。正如在开头基础知识中所提到的那样，装饰材料是指用于建筑内部、室内墙面、顶面、地面甚至柱面的罩面材料。选择分析这些材料，不仅仅在于展示材料的种类，还在于在保证美的感受的同时，这些材料或许兼有绝热、防潮、防火、隔音等多种功能，这些是设计作品中的材料特点，理应提出分析。值得一提的是，绿色环保节能和智能化越来越受到重视，所以如果在设计作品里涉及这一点，请一定不要吝啬提出分析。

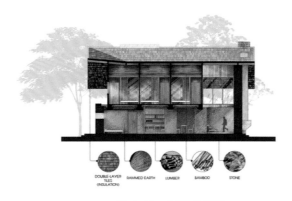

图3.19 材料分析图

4. 照明分析

室内设计的照明分析（图 3.20）是十分重要的，不论是立面上的照明还是天花照明，这些都是融入设计之中的。对于照明的分析实质上是阐述设计者的部分设计方案。不同的空间对照明的需求是不同的，在分析中可以着重这点，将灯具的数量、种类都介绍清楚，以证明此设计满足了人们对于光的质感、视觉卫生、光源利用方便程度等的要求。比如，客厅的主要功能为家庭成员活动提供场所和招待亲朋好友，为了满足这些要求，客厅的照明装饰应该产生宽阔、亲切的感觉。一盏主灯配以多种辅助灯的方式可以满足不同情况下的需要。同时，灯的亮度调节、光源颜色选择都应该在参赛者的考虑范围之类。

图 3.20　照明分析图

3.3.2　分析图的重要性

不同的学科、不同的尺度、不同的类型都有各自的表达侧重点，一张分析图是无法全方位解决问题的。所以，知道自己的表达侧重点是十分重要的。以下列举 BIG 公司在项目表现中的一惯风格和特征，以及表达侧重点来举例说明如何在图面中很好地展示作品的风格。

1. 绝对的简练

绝对的简练分析图如图 3.21 所示。

图 3.21　绝对的简练分析图

2. 绝对的整齐

绝对的整齐分析图如图 3.22 所示。

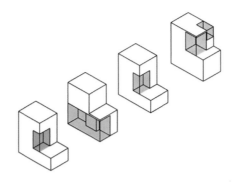

图 3.22　绝对的整齐分析图

3. 思路的绝对严谨

思路的绝对严谨分析图如图 3.23 所示。

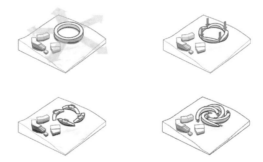

图 3.23　思路的绝对严谨分析图

4. 绝对的透气

绝对的透气分析图如图 3.24 所示。

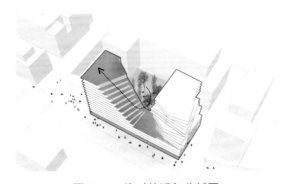

图 3.24　绝对的透气分析图

5. 绝对突出的重点

绝对突出的重点分析图如图 3.25 所示。

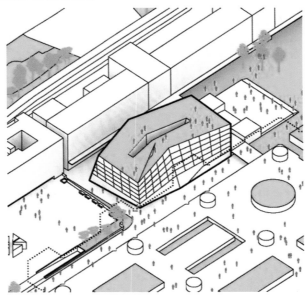

图 3.25　绝对的突出重点分析图

6. 绝对的干净

绝对的干净分析图如图 3.26 所示。

图 3.26　绝对的干净分析图

以上只是总结了 BIG 公司的项目图特点，希望参赛者们都能找到自己的风格。

3.3.3 分析图的几种表现方式

分析图做得漂亮与否和参赛者的审美有关，二是和参赛者的眼界有关。有的时候审美提高了，但是却想不到原来分析图还能有这么多表现形式。另外，选择哪种形式的分析图还跟参赛者的表达侧重点有关。所以这一节特意列举了一些分析图的常见表现方法，为参赛者们提供灵感。

1. 无透视类分析图

无透视图类（图 3.27）就是诸如前文中提到的各类平面分析图、立面图及剖面图等。这种分析图的优势是比例客观精确，在交代场地关系或者各部分平面布局关系方面有着绝对的优势。但是对于非专业人员，阅读平面类分析图可能有困难。而且，想在一张无透视效果的平面图上表现更多的信息可能稍有困难，所以参赛者应该根据自己的需求选择分析图类型。

2. 轴侧类、空间透视类分析图

空间透视图（图 3.28）是指在上面的二维平面图上加上另一个维度做出来的分析图，优点是其能够更为直观地传达出数据信息，同时也能够涵盖更多的信息。但是可能因为其立体的三维视角对一些部分有遮挡，所以必须舍弃一些视角，选取最适合的角度。

3. 图表类分析图

图表是信息可视化最基础也最重要的方法之一，当参赛者的设计方案出现了大量的信息数据时，则需要找到一种高效的信息传达途径，比如饼图、柱状图、泡状图这类最基本的图表（图 3.29）。

4. 流程类分析图

流程图（图 3.30）有利于厘清脉络思路，让图简单易懂。通过对点线面的运用，以及对各组成部分的丰富设计，例如线的虚实、粗细等，能够形成一套十分严谨美观的流程图。但同时也有可能因为需要长时间读图，反而使评委失去兴趣。

5. 组合类分析图

将以上的图表统一整合，往往会形成不一样的图面效果。例如图 3.31、图 3.32，能够很好地说明各个部件间的衔接构架方式以及相互的空间关系。

这类阵列式图表一方面符合人们的视觉审美，同时又很适合说明每个单体之间的细微比较区别。参赛者可以利用这种形式来分析单体间的逻辑关系和设计过程，也可以利用每个单体间的形态区别来分析空间多

样性，还可以利用每个单体间的强调部分来分析空间构成等。

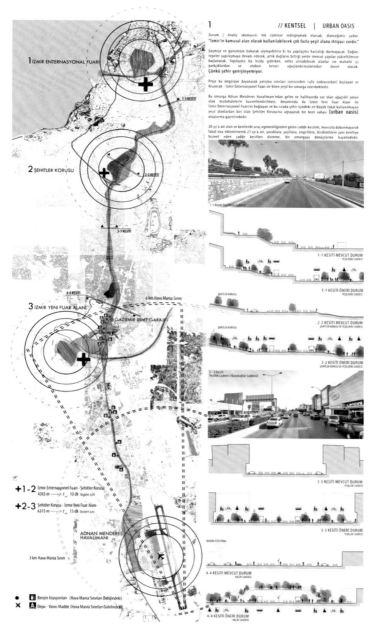

图 3.27　无透视类分析图

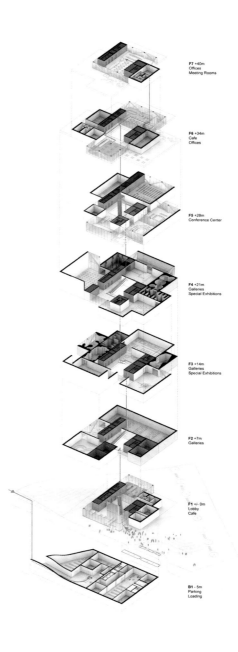

图 3.28　轴侧类分析图

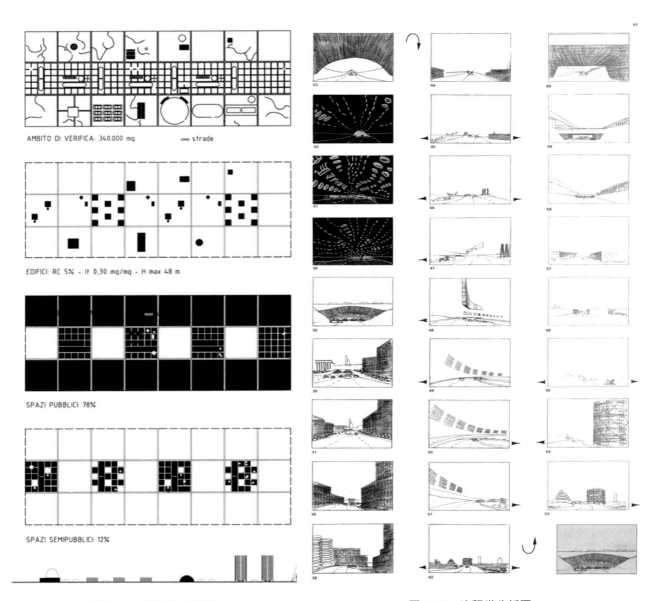

AMBITO DI VERIFICA: 340.000 mq.　　　　━ strade

EDIFICI: RC 5% - It 0,30 mq/mq - H max 48 m.

SPAZI PUBBLICI: 78%

SPAZI SEMIPUBBLICI: 12%

图 3.29　图表类分析图　　　　　　　　　　图 3.30　流程类分析图

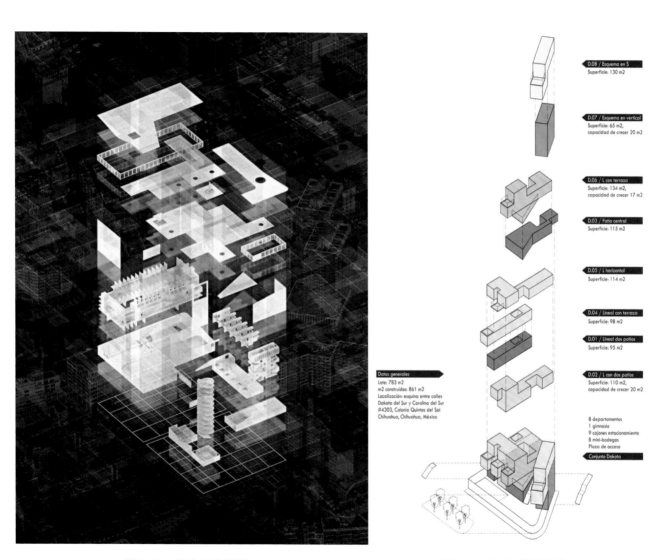

图 3.31　组合类分析图一　　　　　　　　　　　　图 3.32　组合类分析图二

6. 混合类分析图

　　将以上所有的分析类图标综合做成一个分析图也会创造出不一样的效果，这种组合分析图不仅信息量巨大，而且很容易营造出综合观感亮眼的效果。通过这种方式，参赛者可以把各种分析图的优势结合，而且还能传达出一种酷炫的艺术气质（图3.33）。但是，参赛者在一张图上融合的信息越多，评委读图的时间就越长，耐心和时间的考验都是参赛者是否选对这张图的标准之一。

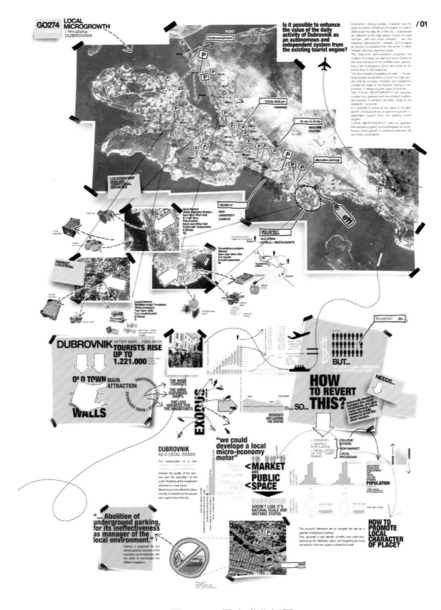

图 3.33　混合类分析图

3.4 文字说明表达

3.4.1 为什么需要设计说明

设计说明是对设计作品进行的条理清晰的阐述，主要用来表达设计思想和思路。竞赛往往会规定一个主题。所有的设计作品皆为对主题的解读、阐述，甚至是拓展。在设计排版中，虽然有各类图纸进行表达，但图纸中有些抽象的概念难以说明，并且难以用所有图纸表现完整严密的逻辑性。基于上述原因，设计说明被用以辅助图纸解释创作者的灵感、创作思路以及创作过程等。

设计说明可以单独作为一个版块，也可以结合图片进行表达。设计说明的存在形式多样，若以长段文字独立存在于版面，则除了文字本身的意义外，也可视为是版面的一种构成元素；若结合图纸进行表达，则需要结合图片进行排版，使之成为一个整体，这一点在下文会有说明。此外，设计说明的目的是在版面中向大众传达作者的意图和各种信息，不应被忽略。要达到这一目的，文字的编写有所要求，在编写设计说明时需要注意以下几点。

1. 厘清逻辑

完整的设计作品必定是条理明确、逻辑清晰的。整个作品需要连贯的表达，例如由主题解读到基础理念，再推进到灵感升华。如果设计作品中没有一个逻辑性的理念表达，整个作品都容易让人感觉不知所云，华而不实。同时，设计表达往往会被划分为许多不同板块，但具有关联性的图纸和说明需要放在一处，例如立面的设计与材料应该相连，而不是在平面设计附近放置立面的材料表达。关联性的图纸与说明使作品逻辑更为顺畅连贯，以免在审图过程中让评委感到混乱。

2. 突出重点

参赛者在竞赛当中容易害怕自己的作品解释不够完整或者不够丰富，并因此会将能够想到的说明都堆在图纸上，而这样会显得没有重点。在审图过程中，评委能够认真看完所有解释说明的情况极少，有时可能是一目十行，若是内容过多，重点不显，则可能导致在表达上不够明晰，难以给人留下深刻的印象。因此在篇幅安排上，重点内容需要突出，辅助内容可以弱化。

3. 去除冗杂

文字表达有简洁的表达方法，也有复杂的表达方法。简单来说，可以说是扩句与缩句的运用，长、短句的搭配。前文说过重点内容的表达，在这里则强调句子的精炼。同一个表述可以为"这里有个一级一级并列的，如阶梯一般的吊顶"，也可以为"吊顶形式以跌级的形态呈现"。若非特殊需要，说明文字尽量以简洁为主，避免使用过多的形容词汇以及描写性的表达。

4. 力求专业

专业的设计竞赛需要专业素养，在设计说明中需要使用专业术语，因此术语的标准性非常重要。例如，在室内设计中，色彩的设计非常重要，专业设计中对某一种颜色的表达是明确的，而在口语化的表达习惯中，某些颜色的表达可能会混淆，例如浅蓝色和绿色在一些地区可能统称"绿色"；室内设计说明中同一个表述可以为"员工所走的路线与顾客所走的路线互不干扰"，也可以为"员工流线与顾客流线相分离"。专业说明需要去口语化，尽量使用书面的表达方法，使设计说明更为专业、明确。

5. 确保可读性

前文提到设计说明可以作为版面中的元素使用，或者图文同排。在这种情况下，可能会牺牲文字的辨识度——为使版面更为美观，文字缩得过小，或者文字被图像掩盖。尽管版面的美观是我们所追求的另一个目标，但不要忘记设计说明的原有功能是为了表达设计意图。在排版过程中，说明文字必须清晰、具有可读性。

3.4.2 设计说明的内容

在竞赛当中，设计说明的内容可以根据竞赛要求进行调整。竞赛所要求的内容必定要有，没有要求的内容则可根据设计内容酌情增加。设计说明的逻辑已经在上文说过，在初始时以概念阐述以及理念说明为主。以解题或者扣题作为开始是一个不错的选择。接下来，就要大致讲解一下设计这个作品的选址或者基地的基础信息、设计灵感来源、概念或是要解决的问题等。设计作品的具体信息，如面积，长、宽、高，布局等可以放在版面中部。接下来，可以介绍作品中运用了什么独特的手法，作品的特色，作品最终呈现的效果等。最后，在上面的基础上再进行简单的总结就可以了。

设计说明的写作过程一般可以为分步并列式的结构，即把设计说明分为数个分项，每一分项独立撰写写作说明。这种结构非常明确，架构简洁明了，是最为常用的一种写作方法。当然，有时根据设计的特征不同，设计说明中也可使用其他的写作方法。例如移步换景法，可以将观景流线与所见之景紧密联系起来，给人一种如临其境的感受。特别是结合一些独特的设计手法，例如叙事性空间设计或是沉浸式设计时，说明方法可将设计效果进一步表明，达到独特的效果。不过这种写作方法，一定要注重主要特征，切忌面面俱到，过于冗长，变成流水账。下面依次来分析各部分内容。

1. 设计依据和基础资料

①部分竞赛任务书会给出选址及用地范围，此时需要严格按照任务书要求设计；另一部分的竞赛任务书选址任意，此时设计者需要依据自己的竞赛主题合理进行选择。

②竞赛设计中设计者的理念可以相对开放，但在某些要点应该考虑设计规范进行设计，例如室内消防

楼梯的布置等。

2. 场地概述

①场地概述需要说明基地周围环境、基础配套设施、交通、业态功能的相互关系。这部分内容看似在景观设计中更为重要，然而在室内设计中，却可以成为室内功能选择与布置的理由，例如在同一个商场中做餐饮设计可以考虑避开已有的餐饮类型，选择目前商场没有的餐饮功能进行设计。

②概述基地出入口、原有功能、基地历史等，交代设计背景。在竞赛中，做设计往往需要考虑多方面的需求与内容，原有的功能概况既可以帮助我们避开雷区，又可以帮助我们更好地分析需求。

3. 灵感来源

①理论追踪：设计灵感来源可以来源于专业相关的前沿理论，例如环境心理学、色彩学对室内消费行为的影响等，这类理论可以成为竞赛作品的小标题。

②社会热点：竞赛作品要求我们对日常生活与社会热点都要有一定的关注，不同的出发点带来的设计方法也不尽相同，例如独居女性居住空间安全性设计以及自闭症儿童的情绪唤起设计等，关注的不同问题将展现出不同的人文关怀，带给人更多的思考，并使作品脱颖而出。

4. 设计主题

设计灵感表达了设计的重点与关注对象，设计主题则规定设计的空间与平面表达。设计主题的选择往往与设计灵感紧密相关。例如在针对自闭症儿童的设计中，可能更为关注空间设计的颜色、装置与孩童的互动以及安全性设计等，设计的主题可以往多彩的、童趣的、互动性更高的方向靠拢。

5. 方案演变

设计难以一蹴而就，设计方案也是在发展变化的。因此方案的演变不妨作为一个独立的说明内容，以将设计方案的思考过程、对问题的解读、对功能的取舍、对风格的定位一一展现在评委眼前，以便评委了解设计思路。

6. 方案说明

方案说明可以说是整体说明的核心内容，这部分说明是对设计方案的直接解读，因此在设计过程中就应作出相关的设计，以便后续编写设计说明。关于方案的说明，可以列出并列的项目，逐一进行说明。

①平面布置。

说明方案根据朝向、风向、消防、卫生、交通、环保等因素进行布置，满足使用功能，并且技术费用应经济合理。

②立面设计。

说明立面的高度、形式、材料等，立面的门窗以及家具也是这部分的说明内容。

③天花设计。

说明吊顶的设计、构造、独特造型等，也可加上天花上的灯光设计。

④功能分区。

说明室内功能的分布、动静分区、干湿分区等，也可将功能区细分并进行说明，如厨房、卧室、起居室等。

⑤交通组织。

说明人流和客流、货流、主要出入口的布置；说明交通组织设计的依据，如廊道宽度。

⑥竖向设计。

说明决定竖向设计的依据，如平面图上的出入口、交通组织、消防要求、开放性等，竖向说明常出现在两层及以上建筑的室内设计中。

⑦铺装设计。

说明铺装的分区、材料等，铺装的区域设计可以结合室内的虚拟空间划分。

3.5 版面设计

3.5.1 版面设计的重要性

版面设计是指在二维平面内通过多种设计组合来传递信息的视觉表现设计。平面版式设计需要使用字体知识、视觉设计、排版等方面的专业技巧来达成设计的目的。竞赛评审过程中，评委首先看到的就是展板，然后才会细究设计的内容。如果你的设计作品评委第一眼都不感兴趣，那也很难在众多参赛作品中脱颖而出。

版面构成本质上是平面的构成，其构成原理与平面构成原理相通。平面构成的基本元素是点、线、面；版面构成要素为文字字体、图片图形、线条线框等。基础元素根据内容的需要又可进行排列组合，达到不同的视觉效果。同时，不同组合与造型元素、形式原理的结合，又可有不同的变化。线条、文字、图片以及颜色是构成版面的基础，是排版中必须要学会的视觉语言。基础元素的灵活运用需要多加练习。

1. 基础元素

①点的构成。点是组成平面构成的基础要素。点的大小不同，疏密不同，虚实不同。一串点可以构成线，单个文字可以视为一个点。

②线的构成。线有直线、斜线、曲线三大类。线的倾斜带来不同的观感。一行文字可以视为一条线。

③面的构成。面是版面构成中的重要部分。面和块一脉相承，一组文字可以形成一个有重量感的块。面的种类有不规则形状和几何形状两种。版式设计在构图过程中可以考虑几何形态的视觉效果。

2. 常见版面问题

①格式不统一。格式包括字体的格式、标题的格式、图片的格式等。相似的构成元素没有统一的格式，都会造成版面的混乱。

②版式花哨。版式花哨有两方面，一是构成形式过于繁杂；二是版面中颜色种类过多，色彩饱和度太高。

③图面太过饱满。在版面设计中，常有多个图像需要排列，将每个图像都尽可能放到最大在，而不顾构图整体效果，这种情况很可能使版面看起来拥挤不堪。

3.5.2 排版基础技巧

1. 文字排版技巧

①保证文字的可读性。

②统一字体（图3.34），不要在一个版面中使用三种以上的字体。

③统一行距和字体间距，在同一个版面中，文字的行距和字体间距需要统一。行距一般为字体的1.5～2倍，字距一般为0，不宜过于紧密，也不可过于疏松。

④文本对齐（图3.35），文字需要首尾均对齐，一般Photoshop等排版软件中都有这个功能。

⑤部分竞赛会要求中英文排版，英文字号可以比中文小1～2号，使英文看起来更为紧密，视觉上有大小对比。英文和中文的结构不同，英文的笔画平均，所以非常适合作为装饰线来使用。

⑥注意中英文排版规则，例如英文首字母大写、中文标点符号等的运用要规范。

⑦重点加粗，字体加粗一般运用在标题上，以突出整块信息的内容。同一层级的字体应为同样的粗细。

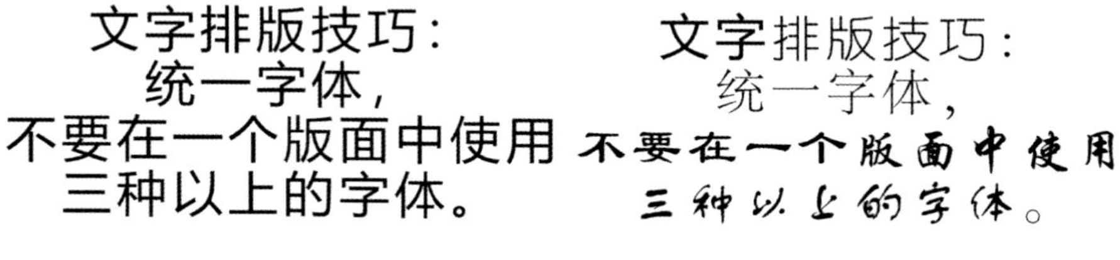

文字排版技巧：
统一字体，
不要在一个版面中使用
三种以上的字体。

文字排版技巧：
统一字体，
不要在一个版面中使用
三种以上的字体。

图3.34 统一字体

图 3.35　文本对齐

2. 图文排版技巧

排版中有许多图片需要排列，平面图、立面图、轴测图、爆炸图、分析图等图片占据了版面的大部分。在版面设计中，整体版面受到图片的影响。平面构成作品中使用的图片会与整体设计色调相符。在竞赛排版过程中，若要取得较好的版面效果，需要在图纸设计前就确定好风格和颜色，以便整体版面的协调统一。

（1）图文比例。

在一个设计中，图片与文字的量应该有一定的对比。大多数人天生喜欢看图而不喜欢阅读，实际上人类有阅读能力的历史只有几千年，而欣赏图片的能力是与生俱来的。如果版面上文字非常多，则应尝试减少文字量。文字量越少，图形化设计越多，那么这个作品在视觉上解读起来就越轻松（图 3.36）。

（2）图片比例。

在版面设计中，图片比例有两重意义：一是单一图片的长宽比，二是多个图片的大小比例。常见的图片尺寸有 4：3、16：9、1：1 等，图纸尺寸依据需要可以相对更改，但在图片排版中，同一组或者相关图片长宽比例需要相同。切忌每个图片尺寸都不同，这会使版面变得杂乱无章。在版面中，重点需要突出，因此不同图片所占据的版面大小也应该是不一样的。图片的面积大小安排直接关系到版面的视觉效果和情感的传达。一般情况下，应把那些重要的、吸引读者注意力的图片放大，把从属的图片缩小，形成主次分明的格局，这是版面构成的基本原则。例如平面图的大小必定比分析图要大，大的图片成为版面的中心，小的图片成组排列，如此，可形成多少、大小、疏密的对比（图 3.37）。

（3）图片数量。

版面如果只采用一张图片，其质量决定人们对它的印象。增加一张图片，活跃版面，同时出现了对比的格局，增加到三张以上图片，能营造出很热闹的版面氛围（图 3.38）。在排版时，可以用多个分析图分步骤解释某一件事，也可以将相关的分析图整合到一张图内，使之成为整体。版面中图片的数量应该依据图面表达的意义及效果进行适当安排。

图 3.36　图文比例

图 3.37　图片比例

图 3.38　图片数量

3.5.3　版面构图技巧

1. 构图重心

重心在物理学上是指物体内部各部分所受重力的合力的作用点，而在视觉上可以理解为画面上重点突出的部分。任何一个画面都会有重心，重心是画面稳定感的来源。任何一个排版里都会出现构图重心。从视觉上来说，与重心紧密相关的是画面视觉上的平衡感。基于重心的变化，在版面构图中可以创作出平衡性构图和非平衡性构图。例如图 3.39（a）为居中对称构图，图 3.39（b）为倾斜重心构图。重心的偏移会导致画面产生不稳定感，如同倾斜的花瓶，视觉效果上难以平衡，故在非对称性或居中重心的构图中，对画面元素的安排更考验设计者的构图能力。图块的大小、字体的轻重、色彩的浓淡都是影响画面平衡的因素。

2. 构图骨骼

顾名思义，骨骼可以视为版面构图的内在框架。像我们熟知的"九宫格"便是构图骨骼的一种。在多个元素的构图中，多个元素排布外延可形成某一形状，这可以视为元素的外在骨骼。而元素的中心之间连接起来可称为内在骨骼。按骨骼进行排布的构图，层级明确，重复感与秩序感强烈。骨骼不好的设计容易给人不舒适的感受。作为作品的自我检验，有时也可将构图上的各部分元素骨骼标明，作为观察作品设计是否合理的一种手段。如图 3.40 所示，在多个元素的构图中，多个元素排布外延可形成某一形状，这可以视为元素的外在骨骼。按骨骼进行排布的构图，层级明确，重复感与秩序感强烈。

3. 栅格系统

栅格系统可以视为构图中的一个独特的骨骼技巧。栅格系统由法国印刷委员会于 1692 年发明，他们采用方格为设计依据，将字体分为基本的方格单位，再在方格单位中划分更小的方格。文字与图片版面中严格按照方格进行构图设计。栅格系统基本单位便是一个方格，方格的大小、行列数以及边距大小都是影响栅格系统视觉效果的因素。栅格系统（图 3.41）固定的格子布局工整简洁，这种方法在网站页面设计以及移动应用设计中非常常用。栅格系统可用以辅助将多个元素进行对齐、统一，使画面具有秩序的美感和现代感，提高版面的易读性。了解栅格系统可以帮助我们更好地了解与审视自己的构图设计。

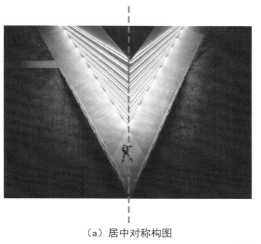

（a）居中对称构图

（b）倾斜重心构图

图 3.39　构图重心

图 3.40　构图骨骼

图 3.41　栅格系统

3.5.4 排版进阶技巧

1. 信息分组

前文已经叙述过，版面中有着众多的元素，每一种元素承载着不同的信息。为使版面更具逻辑性和可读性，我们需要整理各类信息和将其分类。分组的方法是将信息以特定的分类加以区分，在构图中，通过群组的方式排布。分组的方法遵从设计内容的内在逻辑，例如形状、颜色、编号、地区、种类等都可以视为分组的内在逻辑。版面中内容相关或连续的部分也可视为群组的一个部分。在分组之后，信息既能够产生组群，各组群之间的层级关系也会随之明晰起来。依据内容的层级关系，又可以将小组并列成为一个大组群。例如在排版当中，设计说明的各部分内容可以形成一个分组，而相对的分析图又可视为另一个分组。信息分组（图3.42）的方法依据排版目的而定，切忌将不同属性与内容的元素混合在一起，这会导致逻辑混乱，降低可读性。

图 3.42 信息分组

2. 稳定平衡

在排版中，稳定性图形与非稳定性图形各有其优点和缺点。在构图当中，追求稳定感的常用手法有运用稳定的图形骨骼、寻找平衡的重心以及对称性设计等。具体作法在于大小比例的一致性、留白的均衡性。在画面的对角线之上，配置图片与文字视觉上的重量需要取得平衡，才能呈现稳定的印象感。如图3.43（a）所示，版面中心偏下，图片整体呈不平衡状态。而图3.43（b）在对角线上配置文字以取得平衡、稳定的印象感。

3. 留白

留白是中国传统绘画中的一种典型手法。空白的版面实际上是构图的元素之一。留白（图3.44）可以缓解排版过于密实导致透不过气的观感，也可以充当各个元素之间的缓冲剂。同时，留白有助于形成版面中的疏密对比。留白除了真正的"白"色之外，天空或者水面的延伸在版面中也算是留白的一种。竞赛作品常利用天空或水面的延伸作为底图，在其上进行排版，效果十分突出。留白是种简单有效的手段，但要注意一点：留白需要适当，过多的留白也会让版面显得空洞，缺少内容。

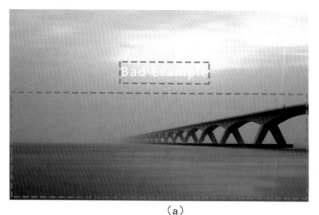

（a）　　　　　　　　　　　　　　　（b）

图 3.43　平衡稳定对比图

（a）　　　　　　　　　　　　　　　（b）

图 3.44　留白

4. 对比反差

对比是相当常见的设计手法。在构图中将信息分类之后，我们可能会觉得按部就班的排版枯燥无聊，中心难以突出。而对比的手法则很好地强调了构图的中心，给构图带来变化与趣味性。在众多相同的元素设计中，通过改变元素的某一图像属性就能达到一定的对比效果。例如字体的大小、图像的明暗、色彩的冷暖等都可以产生对比反差的效果（图 3.45）。

5. 黄金比例

黄金比例存在于自然界的各处，在花瓣、树叶甚至动物的身体比例中都能发现这一规律。黄金比例的比值约为 0.618，这个数值是视觉上非常均衡的一个规律。黄金比例运用在图片和版面整体中，可以使视觉效果更为协调。例如，可以让版面与照片的宽高比遵循黄金比例（图 3.46）。

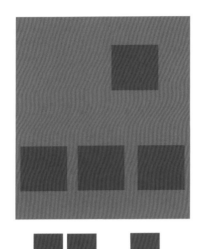

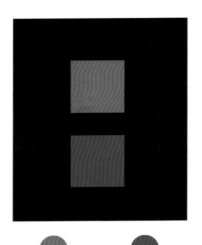

元素数量对比　　　　　　　　　色彩冷暖对比　　　　　　　　　元素大小对比

图 3.45　对比反差

图 3.46　黄金比例

6. 视线引导

　　视线引导（图 3.47）在版面构图中有许多种方法。首先就是构图的形式与中心，例如圆形构图中的圆心就可以成为整张构图的视觉中心；而"S"形构图则将人的视线由顶端引导至最前方的物体。其次，各类元素的运用、大小对比、颜色变化都可以形成层次，从而达到一定程度的视觉引导效果。例如在一串排列的点中，人的视线会不自觉地由小点移向大点。在整体的构图中，视觉焦点非常重要，插图、数字、标志等醒目的要素都可以成为视觉焦点；在统一的秩序中出现不规则的效果，也有聚焦的作用。视觉焦点应尽量避免分散地出现在版面当中，过多地运用反而会失去引导效果，影响人的注意力。

7. 底图

在版面设计中常常会用到底图或者背景（图 3.48）。例如许多竞赛排版运用了纯黑色的底图，整体版面非常有重量感，而且视觉效果酷炫。当然，不管是什么样的背景或底图，运用到位会为版面增色，运用不好则会干扰图面的表达。仍然以黑色底图为例，虽然黑色本身具有重量感，但实际上容易让人感觉没有细节，在排版过程中，更要注意内容在黑色底面上是否具有可读性。

图 3.47　视线引导

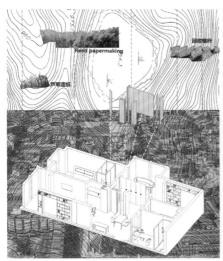

图 3.48　底图

第四章　室内设计竞赛解析

4.1 酒店室内设计

私人定制——商务快捷酒店室内设计获得了 2014 年"新人杯"全国大学生室内设计竞赛二等奖。其设计以"私人定制"为核心，顾客可以选择多种主题模式。该设计以提升顾客的入住体验为目标，富有个性而又人性化。

1. 客房设计说明

客房设计是此次酒店室内设计的重点，客房包括了标准间、大床房、商务标准间和商务大床房四种。客房的墙面和天花采用 LED 数字化界面，灯光、温度以及酒店服务都采用数码终端控制。客房模式有萤火虫之夜、羚羊峡谷、太空漫游、深海探幽等。

主题客房流线型的平面布置赋予室内空间动感与活力，让人身临其境，体现了时代性，是一种人性化的设计（图 4.1、图 4.2）。

图 4.1 标准间客房平面布置图一

图 4.2 标准间客房平面布置图二

2. 主题客房

（1）密林仙踪主题客房（图4.3）。

在茂密的森林中寻找美梦，在静谧中与心灵交流。

图4.3　密林仙踪主题客房效果图

（2）羚羊峡谷主题客房（图4.4）。

穿过漫长、深邃的峡谷，在领略世间险峻的同时也在繁杂中运筹帷幄。

图4.4　羚羊峡谷主题客房效果图

（3）深海探幽主题客房。

徜徉深海，身体在温柔的水流波浪中静静沉浮，思绪却在远行（图4.5）。

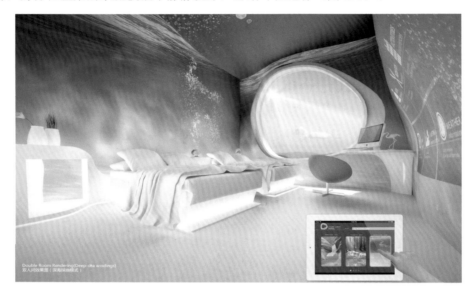

图4.5　深海探幽主题客房

3. 主题商务客房设计

　　商务客房是商务快捷酒店不可或缺的组成部分，作者用一块晶莹剔透的玻璃多点触摸屏分隔出商务空间和休息空间，玻璃明快的流线和高科技的触屏技术为整个空间增添了一抹亮色。在会客区域，客房床和桌子一体铸造，吧台以及沙发也设计成一条流畅的曲线，一气呵成（图4.6、图4.7）。

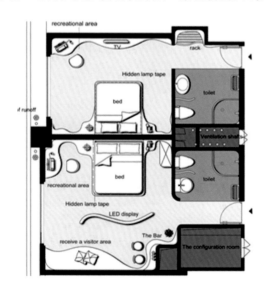

图4.6　商务客房平面布置图　　　　**图4.7　商务客房天花吊顶图**

4. 设计成果图

星空主题商务客房效果图如图 4.8 所示，萤火虫之夜主题商务客房效果图如图 4.9 所示，私人定制——商务快捷酒店室内设计成果图如图 4.10、图 4.11 所示。

图 4.8　星空主题商务客房效果图

图 4.9　萤火虫之夜主题商务客房效果图

Private custom

Business Express Hotel Interior Design

exclusive hotel building belongs to you

come as you are

business express hotel

客房设计包括了标准间、大床房、商务标准间和商务大床房四种客房标准。客房的墙面和天花采用LED数字化界面，并设计了多种客房模式，如萤火虫之夜、羚羊峡谷、密林仙踪、太空漫游、深海探幽等。在灯光、温度，以及酒店服务上都采用数码终端控制，给人以身临其境的入住享受，体现了时代性，是一种人性化的设计。

Rooms including standard rooms, design big bed room, business standard room and business big bed room four standard rooms. Room metope and smallpox use LED digital interface, and designed a more minutes room model, such as fireflies night, antelope canyon, thick forest of oz, a space Odyssey, deep sea windings, etc. In the light, temperature, using digital terminal control and hotel service. Give a person with immersive check-in to enjoy and reflect The Times, is a kind of humanized design.

标准间客房平面图：1：100

标准间客房天花吊顶图：1:100

Room space design as well as the lobby, dominated by smooth curve, whole space flowing, give a person a kind of clean and clear perception, and guest room ceiling and walls with LED screen and high-tech projection technology, greatly to resolve the unfamiliar environment brings no comfort. And room set up for the customer to choose a variety of patterns, more humane, increase the space can be regulatory, more intelligent. Brings to the customer different business quick hotel experience.

客房模式 / Guest Room Model

密林仙踪

茂密的森林中寻找美梦，在静谧中和心灵交流。

Looking for a dream in the dense forest, in the quiet and heart communication.

深海探幽

徜徉深海，身体在温柔的水流波涛中静静沉浮，思绪却在远处。

Roaming the deep sea, the water body in the gentle waves of ups and downs, quietly mind, in a long journey.

羚羊峡谷

穿过漫长深邃的峡谷，在领略世间险峻的同时也在繁杂中运筹帷幄。

Through the long deep canyon, at the same time to appreciate the world and steep in complex manoeuvring.

图 4.10　私人定制——商务快捷酒店室内设计一

Private custom

Business Express Hotel Interior Design

exclusive hotel building belongs to you
come as you are
business express hotel

商务客房是商务快捷酒店不可或缺的一个部分，在室内空间的设计上，用一块晶莹剔透的玻璃多点触摸屏分隔出商务空间和休息空间，玻璃明快的流线和高科技的触屏技术为整个空间增添了一抹亮色。在会客区域，配合客房床和桌子一体铸造，吧台以及沙发也用一条流畅的圆线串联而成，行云流水，一气呵成。商务客房模式我们设有萤火虫之森和星空等模式供客户选择，宁静的星空，跳跃浮动的萤火虫，为喧嚣的城市增添了一丝静谧和恬淡，在繁华中寻一方净土。

Business rooms are an integral part of a business quick hotel, in the design of interior space, with a piece of glittering and translucent glass multi-touch screen separates business space and the rest space, lively and streamline and high-tech glass touch screen technology added one bright spot for the whole space. In receive a visitor area, cooperate hotel bed and table one casting, bar and sofa series with a smooth curve, flowing, entity. Sen and star of the commercial guest room mode there are fireflies model for customer to choose, such as the quiet stars, jump floating fireflies, for the hustle and bustle city added a quiet and serene, in a quiet place, find a place in the busy.

商务客房平面图：1:100　　　　商务客房天花图：1:100

Business rooms renderings (Star Model)
商务客房效果图（星空模式）

酒店通过互联网宣传企业形象，比以往的宣传方式更快捷、更清晰、更全面、更互动、更无所服务有形化。酒店可以利用多媒体技术，把酒店整体的设施设备、内部环境装饰、各种特色服务等在互联网上动态地表现出来。客人可以更快、更便捷地了解酒店，他们足不出户便可以在客房里得到视觉上的形象的享受，获得身临其境的感觉。

The hotel through the Internet propaganda enterprise image, propaganda way faster than ever before, the clearer and more comprehensive, more interactive, make the intangible service marketing. the Hotel can make use of multimedia technology, the hotel overall facilities, interior decoration, all kinds of special services such as dynamically displayed on the Internet. Understanding of hotel guests can be faster, more conveniently, they never leave home can be in the room to get the visual enjoyment on the vision, gain immersive feel

光照分析图

视线分析图

流线分析图

Business Room Toilet Rendering
商务客房卫生间效果图

Business Rooms Renderings (The Firefly of the model)
商务客房效果图（萤火虫之夜模式）

Business Rooms Elevation
商务客房立面图

Business Rooms Sofa Elevation
商务客房沙发立面图

星空

仰望这片星空，犹如仰望你心中的梦想，为了实现它，而伸手想去触摸每一颗。

Looking up at these stars, like the hope in your dream, in order to realize it with both hands To touch every star.

萤火虫之夜

在静谧的夏夜，伸懒腰般，与翩翩起舞于黑暗中的萤火虫共度最美好的时光。

In the quiet summer night, stretching, dancing with fireflies in their darkness. To find the most childlike in romance soft.

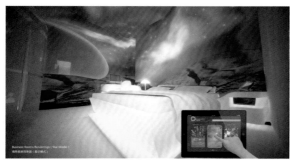

Business Rooms Renderings (Star Model)
商务客房效果图（星空模式）

Business Rooms Renderings (The Firefly Of The Model)
商务客房效果图（萤火虫之夜模式）

图 4.11　私人定制——商务快捷酒店室内设计二

4.2 主题餐厅室内设计

4.2.1 "光阴的故事"主题餐厅室内设计

"光阴的故事"主题餐厅室内设计获得了 2015 年"新人杯"全国大学生室内设计竞赛三等奖。

1. 设计说明

在此次主题餐厅设计中，作者以"光阴的故事"为主题，刻意用具有不同特色的灯光来分割空间，丰富的灯光为每个片区打造了不同的用餐氛围，在视觉上产生一种让人想要去探索和发掘故事的欲望（图4.12）。

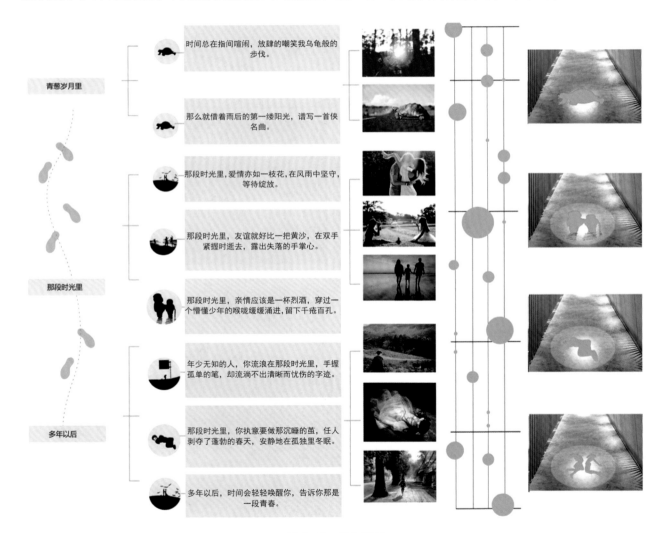

图 4.12 概念解读

2. 室内平面图

该主题餐厅室内设计的总平面图、总吊顶图、分析图如图 4.13～图 4.15 所示。

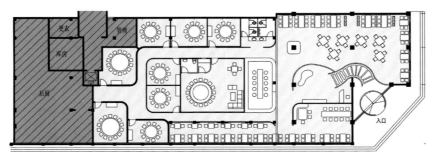

图 4.13　总平面图

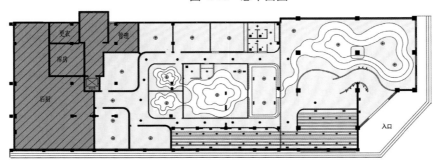

图 4.14　总吊顶图

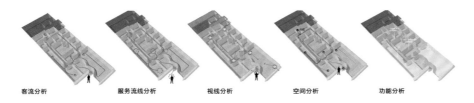

客流分析　　　服务流线分析　　　视线分析　　　空间分析　　　功能分析

图 4.15　分析图

3. 灯光分析图

此餐厅的设计理念强调室内以灯光营造的黑白灰的空间关系，用极简的竹木原色辅以自然的水泥灰色，赋予空间统一性，灯光分析图见图 4.16。

入口 Entrance　　茶室 Tearoom　　卡座 Deck　　长桌 Long table　　洗手间 Washing rooms　　调料台 Seasoning area　　包间 Private rooms

交叉点灯 Cross lighting
射灯 Spotlight
片灯 Piece Light

图 4.16　灯光分析图

4. 特色空间赏析

此餐厅入口处（图 4.17）的设计别具特色，巧妙地以一个竹条编织的圆拱形曲折走廊引导人们探索未知的环境，为了营造神秘的氛围，光线在这里交织错落，一个转角的迂回后，简洁平静的写意造景仿佛平定了一颗浮躁的心。

主体空间以明亮幽静的茶室为中心，垂落的水帘仿佛洗净了人世。茶室的背后以包间为主，静谧的光线引导着顾客在这个安静的空间里交谈，餐厅的卡座区效果图、茶室效果图、小包间效果图及散座区效果图见图 4.18～图 4.22。

图 4.17　入口处效果图

图 4.18　卡座区效果图

图 4.19　茶室效果图

图 4.20　小包间效果图

图 4.21　散座区效果图（一）

图 4.22　散座区效果图（二）

5. 设计成果图

"光阴的故事"主题餐厅的室内设计成果图如图 4.23、图 4.24 所示。

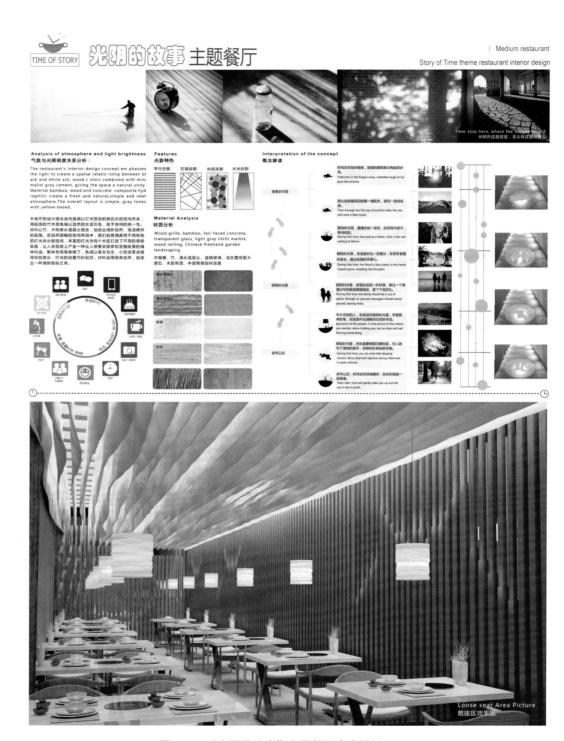

图 4.23 "光阴的故事"主题餐厅室内设计一

图 4.24 "光阴的故事"主题餐厅室内设计二

4.2.2 "烫"主题火锅餐厅室内设计

"烫"主题火锅餐厅室内设计获得了2015年"新人杯"全国大学生室内设计竞赛三等奖。

1. 设计主题说明

在空间上，本次设计选择了一个未曾利用的空间进行考量，出发点是解决空间浪费的问题，给空间下一个新的定义。该设计不只是在平面上考虑，更是上升到空间层次。一层空间中餐桌不作为行走空间，因此可以降低餐桌上方的层高，在二层可以形成行走空间，充分利用空间。在色彩设计上，本设计旨在让使用者充分、清楚、畅快淋漓地感受到火锅店的氛围，空间正负形与红色主题相结合。

2. 色彩运用主题说明与分析

色彩分析和色彩运用说明如图4.25～图4.27所示。

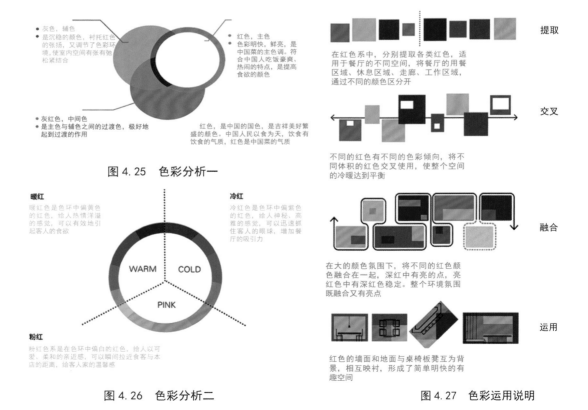

图 4.25 色彩分析一

图 4.26 色彩分析二

图 4.27 色彩运用说明

3. 特色空间分析

本设计空间采用正负形与功能相结合的方式，上层空间借用下层的多余空间，在下层餐桌上方形成一个负空间，用于上层空间的行走，凹凸结合，把3.9 m的空间当5 m的空间使用，最大限度地丰富了室内空间层次，形成了有趣的空间氛围（图4.28）。

在空间构成形式（图4.29）上，上下层的正负形空间让小二层空间包含于大空间之中，展现独特的视觉效果。半包围包厢与散座间的邻接关系，模糊了包厢边界，使空间延伸扩大，形成扩张感，中间大包厢穿插于室内空间中，在使用者的知觉与其实际使用价值之间建立联系，玻璃隔断把各个分散的空间重新进行组合，既在空间上联系整体，又从整体上展现空间的秩序感。火锅餐厅的功能分区图如图4.30所示，流线分区图如图4.31所示。

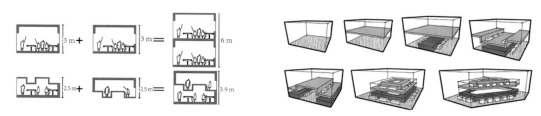

图4.28　特色空间分析　　　　　　　　　　图4.29　空间构成形式

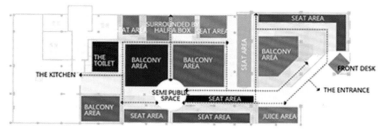

图4.30　功能分区图

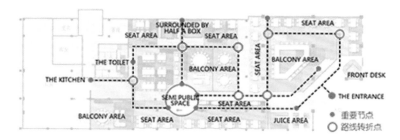

图4.31　流线分析图

4. 设计成果图

"烫"主题火锅餐厅室内设计成果图如图4.32、图4.33所示。

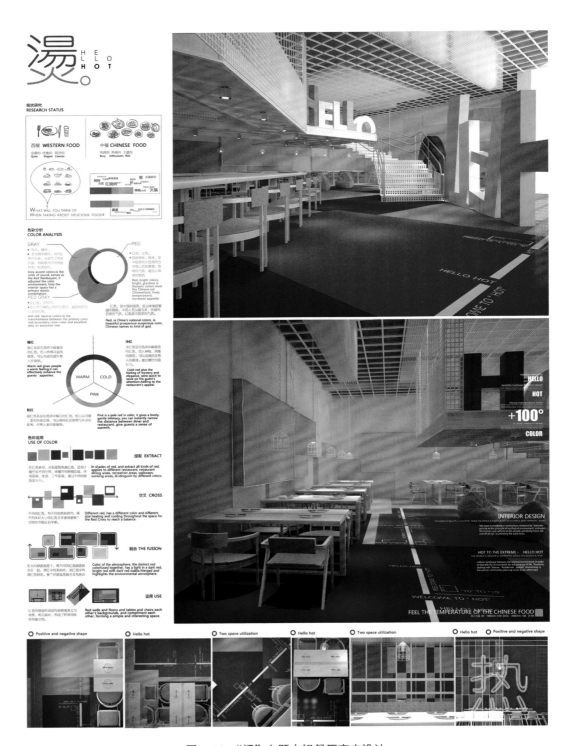

图 4.32 "烫"主题火锅餐厅室内设计一

图 4.33 "烫"主题火锅餐厅室内设计二

4.2.3 "药言妙道"药膳火锅餐厅室内设计

"药言妙道"药膳火锅餐厅室内设计获得了 2015 年"新人杯"全国大学生室内设计竞赛二等奖。

1. 设计说明

本届竞赛的主题为"中型餐饮空间设计"，本方案的定位是"以火锅为主，中餐为辅"的餐饮空间。该设计在设计理念与手法上有如下几个特点。

首先从问题入手，由于传统火锅店给人带来"脏、乱、差"的不良印象，加上中国人爱好油腻的饮食习惯，本方案将"中医药膳文化"引入餐饮当中。我国劳动人民几千年来在与疾病作斗争的过程中，通过实践不断提高认识，逐渐积累了丰富的医药知识。作者将《本草纲目》《中药志》中针对不同症状调养的配方融入餐饮当中，将火锅带来的油腻、躁热等问题通过药膳来化解并且达到滋补调理的功效。

在设计手法上面，作者以中药材的起源"根系"为设计要素，借用"根"的上下起伏，营造出餐桌与餐椅的丰富变化。原木色的材质给人一种追根溯源的感觉。

本方案为了营造出自然优雅的空间气氛，在色彩上基本以原木色调为主，搭配白色家具与淡色灯具，整体空间呈暖色调，摆脱传统火锅店油腻与脏乱的负面形象，让人感觉到舒适与亲近。室内设计图如图 4.34 所示。

在空间流线方面采用了一条主线与多条支线搭配的手法，并且通过"根"的设计，自然围合出开敞空间与半开敞空间、卡座区与吧台区等丰富的空间形式。

图 4.34　室内效果图

2. 设计形式

中药火锅的灵感来源于时下流行的"药膳"。其取材自中药，中药又源自百草，分为花、叶、茎、果、根几大部分。作者提取最本质、最源头的"根"元素作为设计重点，并将"根"的形抽象艺术化形成简洁的纹样，使"根"作为中药理念的代表蔓延在整个设计中，以此营造浓厚古朴的中药氛围，打造灵活多变、富有生命力和纵深感的餐饮空间（图 4.35 ～图 4.38）。

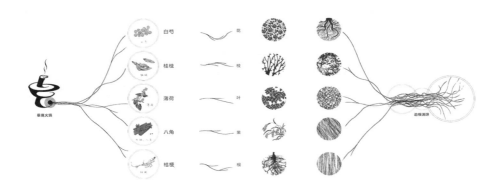

图 4.35　灵感来源

图 4.36　概念 LOGO 演变图

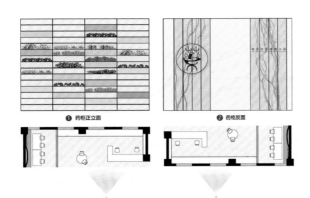

图 4.37　药柜分析图

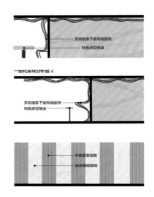

图 4.38　桌椅分析图

3. 平面布置

药膳火锅餐厅的平面布置图如图 4.39 所示，天花平面图如图 4.40 所示。

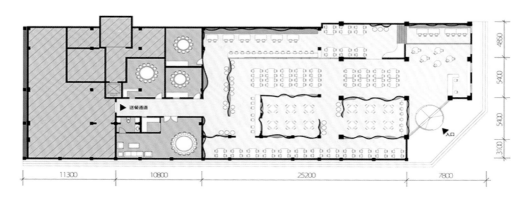

图 4.39　平面布置图

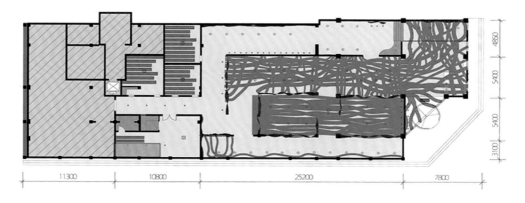

图 4.40　天花平面图

4. 特色食谱展示

特色食谱展示如图 4.41 所示。

图 4.41　食谱示意图

5. 特色立面展示与材质分析

图 4.42 ～图 4.45 为药膳火锅店的相关剖面图和立面图。

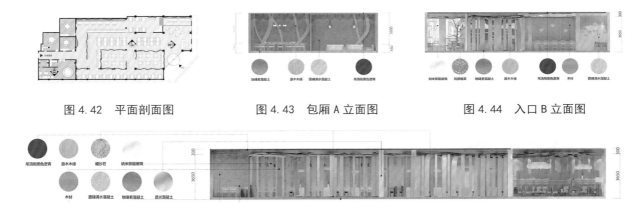

图 4.42　平面剖面图　　　　　图 4.43　包厢 A 立面图　　　　　图 4.44　入口 B 立面图

图 4.45　大厅 C 立面图

6. 效果图赏析

中药火锅，顾名思义，是将中药与某些具有药用价值的食物相配，并采用我国的古老的火锅烹调技术和现代科学方法而制成的有一定色、香、味、形的美味佳肴。作者致力营造一个有着浓厚中药氛围的就餐环境，在古朴典雅中透着现代的灵动与时尚。形式多变的木条模拟中药植物的根系蔓延在整个餐厅，并与纳米节能玻璃、透光混凝土等新型材料相结合，传统与现代在这里交织、融合、碰撞（图 4.46）。

图 4.46　效果图展示

7. 设计成果图

药膳火锅餐厅室内设计成果图如图 4.47 ～图 4.49 所示。

藥言妙道 藥膳火鍋餐廳室內設計
The Benefits Of Medicine In It　Medicinal food hot pot restaurant interior design

壹·設計願景 Design Vision

環境的問題
The Existing Problems

我們的構想
Our Idea

喧鬧與俗雅
Noisy and Grace

如今一提到火鍋酒，會讓都會都會想到別"鬧哄哄"，所以我們想在本方案中運用不同的設計手法，將火鍋酒變得自然原雅寧靜的空間氣氛。

油脂與健康
Fat and Health

當今社會食安問題與食品安全問題日益凸顯，我們開始思考將"藥膳"這種養生概念引入人們的生活當中，利用中藥材的特性，平衡火鍋帶來的燥熱與油膩。

尋根與引導
Roots and Guide

隨著經濟的發展，人們生活的環境在不斷的變遷，每當件事物都有著依附源，而尋根就是反向追源，追根溯源基本方的試訣材料種榜，而中藥材的起源也是由"根系"演變而。

流失與傳承
Erosion and Inheritance

中醫藥是中華五千年來所研究傳承的古老文化，而中藥材又是我們擁有的"天然配方"，如今中醫藥文化正在逐漸流失，我們希望通過藥膳的形式讓人們更多的理解中醫文化，讓這通過展。

污染與節能
Pollution and Energy Saving

裝修材料的污染與浪費是我們一直所關注的問題，在本方案中考慮到火鍋所帶的"熱量散發"我們運用了最新的環保節能型材料，大大減小了裝修材料、家具的污染問題。

貳·設計理念 Design Concept

隨著時代的發展資源，中國人在飲食文化中形成了營富多樣選擇，可是食品安全問題與健康問題日益凸顯，而且我們中醫傳統的文化在經濟發展的同時也隨之逐步消失，為此我們在這次方案設計中，想利用"藥膳"這種具有特魅力的形式用在餐飲空間中。在設計形式上用"根"這種充滿自然無趣的元素融含會貫通在空間中，一方面，擁有傳統文化底蘊的藥膳文化成了在現代化都市中延綿的傳承；另一方面，均衡調養的藥膳飲食會在火鍋這種傳特的餐飲形式中，可以起到相長補短相的作用。

Along with the development of the era of change, the Chinese diet culture formed a rich variety of choices. But food safety problems with growing health problems, and we are the Chinese traditional culture in the economic development also gradually lost, so we in the plan design, thinking with "medicinal food" has the unique charm of this form in the dining room. In the design of the form with "root" of this natural trace elements achieve mastery through a comprehensive study in space. On the one hand, with the traditional culture of medicinal food in the continuation and inheritance in modern cities of culture; Balanced aftercare medicinal food diet, on the other hand, in the form of hot pot this unique catering, can play the role of complement each other.

叁·概念LOGO Concept Logo

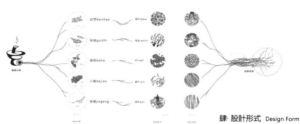

肆·設計形式 Design Form

中藥火鍋的靈感來源於時下越來越流行的"藥膳"，其取材自中藥，而中藥自百草，百草又離其其分為花，葉，莖，果，根幾大部分，我們擷取最本質最源頭的"根"元素作為設計重點，並將"根"的形態抽象畢析化成簡單的紋理，使"根"作為中國哲學的代表蔓延至整個設計中，以此營造濃厚中藥氛圍，打造這些多麼富有生命力和經深邃的餐飲空間。

Chinese hot pot is inspired by today's increasingly popular "Diet", which derived from traditional Chinese medicine, Chinese medicine and is derived from herbs, herbs which were separated into flowers, leaves, stems, fruit, roots of several parts. Patterns we extract the most essential source of most "root" element as a design focus, and form the "root" of abstract art into simple knot so that the "root" as the representative of Chinese philosophy spread throughout the design, in order to create a strong rustic Chinese medicine atmosphere, full of vitality and flexibility to create the feeling of depth dining space.

伍·設計說明 Design Specification

本案藥膳的題目為"中型餐飲空間室內設計"，我們本方案的定位是"以火鍋為主，中餐為輔"的餐飲空間。本方案在設計中理念與手法上有如下這幾特點：

1. 首先故作的進入萎·基於領域火鍋酒融入帶來"藥膳感"，加上油膩的飲食習慣，本方案將"中醫藥膳文化"引入餐飲領中。中藥是我國傳承人民幾千年來在臨床進行研究的過程中，通過調理，不斷調理，逐漸積累了豐富的醫藥知識。我們將《本草綱目》，《中藥誌》中針對不同病狀的調養配方融入餐飲空中，與火鍋需求的調養，來和每列遁過這些循保技術以解且且返復調補補的作用。

2. 在設計手法上，我們利用中藥材的起源是"根系"為設計重要，通過用"根"的上下貫穿，營造出錯與綜複雜的語言空間。原木色的材質融入,盆栽造木空間樸素，搭配白色桌具與藍色色調布線更顯整整空間低調雅緻，搭配原本火鍋自的油脂與膩，讓人感受到舒適寧靜。

3. 本案對於材料的污染與浪費的問題，在色彩上以原木色調為主，搭配白色桌具與藍色色調具整體空間呈現典雅。

4. 在空間陷角方面採用了營造出主導與多體文綠綠脂的氛圍，並且通過"根"的設計，自然的營合由來網狀空間與網絡空間，卡座區與吧台區等等層次分明的空間形式。

陸·大廳效果圖 The Hall Rendering

图 4.47 "药言妙道"药膳火锅餐厅室内设计成果图一

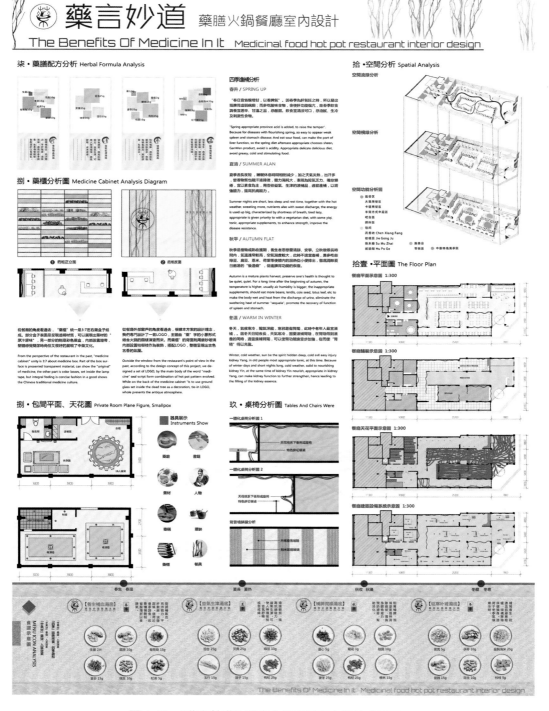

图4.48 "药言妙道"药膳火锅餐厅室内设计成果图二

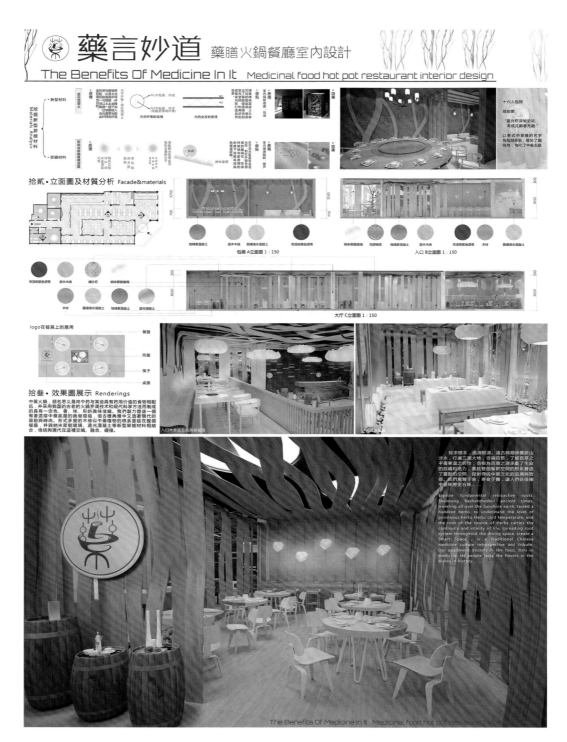

图 4.49 "药言妙道"药膳火锅餐厅室内设计成果图三

4.3 商业空间概念设计

4.3.1 "镜花水月"纸艺馆商业空间室内设计

"镜花水月"纸艺馆商业空间室内设计获得了 2016 年"新人杯"全国大学生室内设计竞赛一等奖。

1. 设计来源

现状问题：现在社会发展迅速，生活节奏加快，我们受到许多外界因素的干扰与支配，容易变得躁动不安，在现实生活中迷失自我。

设计构思：构造一个不受外界打扰的虚幻浪漫的静谧空间，使消费者的心静下来，聆听自己内心的声音，进入虚幻世界尽情畅想。

设计愿景：从消费者的心理出发，试图打造值得消费者在行走中驻足停留的售卖空间，使产品成为引发情感共鸣的衍生物。

2. 设计理念

从消费心理出发，将镜、花、水、月四个元素融入设计，从吊顶、隔断到门窗、家具，全方面构造一个属于消费者的专属地带，营造艺术氛围，使产品成为消费者的情感寄托，从而刺激消费者的购买欲望（图4.50）。

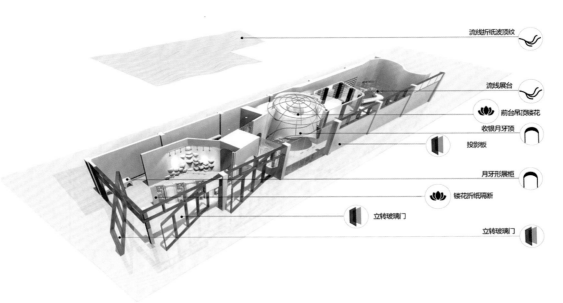

图 4.50 设计理念

3. 概念标志

镜花水月的概念标志如图 4.51 所示。

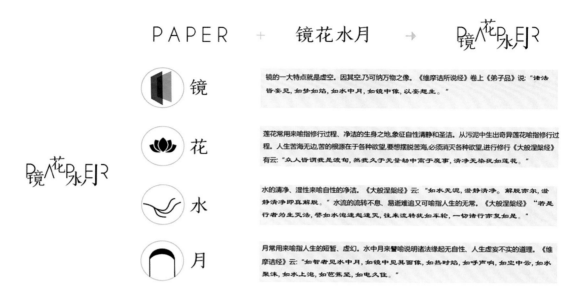

图 4.51　镜花水月的概念标志

4. 专卖店平面布置

专卖店平面布置图如图 4.52 所示。

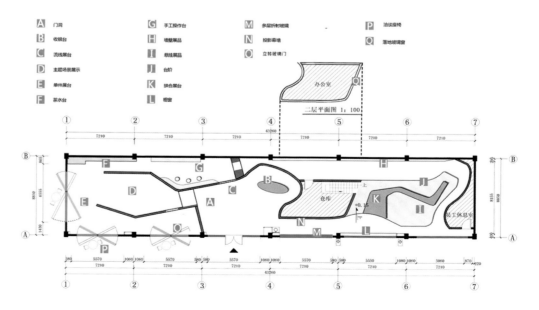

图 4.52　专卖店平面布置图

5. 纸艺——折纸

折纸是纸艺中一种较为综合的趣味性活动，它可以让人心情放松，并培养专注的能力。折纸（图 4.53）以简化、夸张、变形的手法表现物象，一张纸经过折叠和必要的剪裁、翻拉，就可以制成各种造型生动的图形，折纸的立体感引发了折纸者无限的想象。

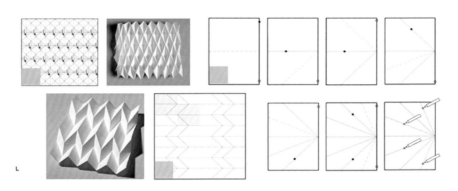

图 4.53 折纸

6. 折纸墙体、吊顶设计分析

在此次纸艺馆设计中，把折纸艺术与墙体、吊顶联系在一起，采用预铸式玻璃纤维加强石膏板制造出折纸墙、展架的场景，让人们走进纸艺的世界，视角也从二维平面转变成三维透视，让人有强烈的视觉感受，增强了对纸艺的感受力（图 4.54）。

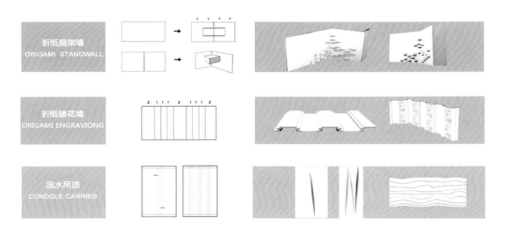

图 4.54 折纸墙体、吊顶设计分析

7. 立面图及材质分析

该设计的立面图及相关材质分析如图 4.55 所示。

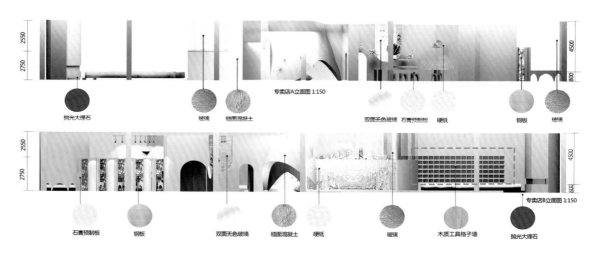

图 4.55　立面图及材质分析

8. 纸艺馆格子墙内工具示意

纸艺是一门需要静下心才能完成的艺术，它不仅需要创作者耐心、仔细、专注，还需要专业的工具才能够更好地完成作品。纸艺馆的格子墙里放置了不同的工具盒，包括刻制刀、各式剪刀、蜡版、按压板等。合适的工具在纸刻、纸雕、折纸等纸类艺术中显得尤为重要，它能让创作者方便、精细地完成作品，并达到满意的效果（图 4.56）。

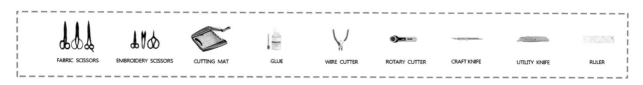

图 4.56　纸艺馆格子墙内工具示意图

9. 设计亮点赏析

作者试图通过镜面与立转玻璃来扩展室内空间，将专卖店西面与南面的部分落地玻璃设计为可旋转的玻璃门，旋转角度为 0°～30°。当旋转玻璃门打开时，可将扩展的边界区域延展为洽淡休闲区，打破专卖店与室外的隔阂，创造一个具有容纳性与吸引力的售卖空向（图 4.57）。

手工制作体验区为消费者提供消费前的服务，让消费者体会到动手制作的乐趣，从中能有所收获，并愿意购买相关材料与工具回家与家人一起动手制作，这是一项创造回忆、享受生活的艺术行为（图 4.58）。

图 4.57　旋转玻璃门与镂花墙效果图

图 4.58　手工制作体验区效果图

10. 设计成果图

纸艺馆商业空间室内设计效果图如图 4.59 ～图 4.61 所示。

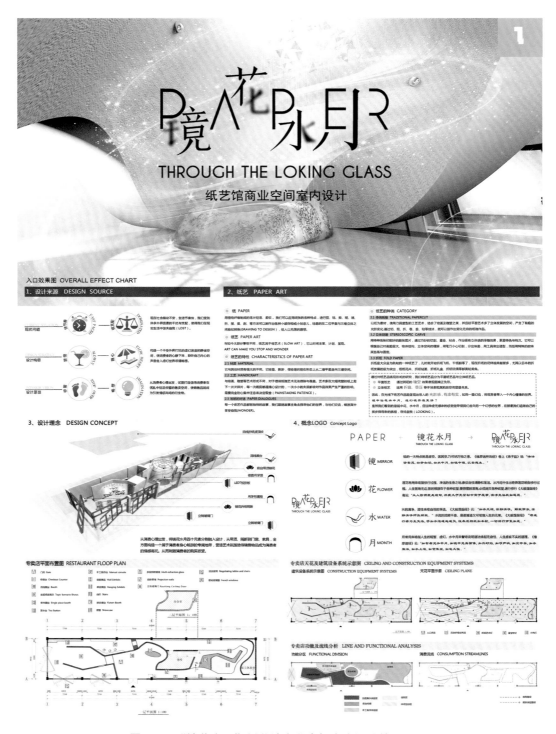

图 4.59 "镜花水月"纸艺馆商业空间室内设计效果图一

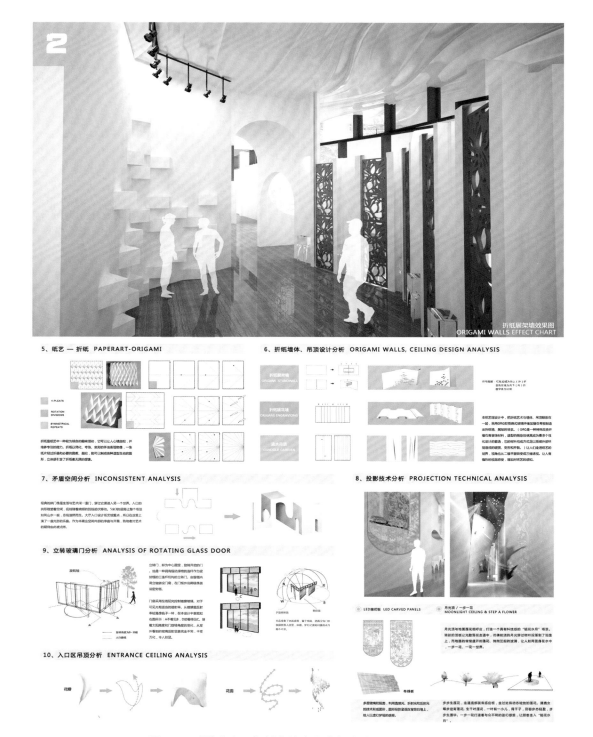

图 4.60 "镜花水月"纸艺馆商业空间室内设计效果图二

图 4.61 "镜花水月"纸艺馆商业空间室内设计效果图三

4.3.2 铸字成星——"日新铸字行"活字印刷概念店

铸字成星——"日新铸字行"活字印刷概念店室内设计获得了 2016 年"新人杯"全国大学生室内设计竞赛二等奖。

1. 设计说明

本届竞赛主题是"品牌专营店",此次设计方案定位为"打造全方位的新型商业空间,复兴中华传统技艺",该设计在设计理念与手法上有如下几个特点。

在品牌选择上,作者想打破如今商业空间浮华、浮躁的氛围。越来越多的国外品牌占据了市场,许多优秀的国内产品因缺乏好的设计与新的营销手段而逐渐落没,中国传统技艺也在这种浪潮中受到冷落。为了改变这种现状,传承发扬中华文化,作者选择现位于中国台北仅存的"日星铸字行"活字印刷店为本次竞赛的品牌。

在色彩搭配上,以深浅不同的棕色为主,深色背景搭配浅色家具,再配以暖黄色的灯光,与周围映射的镜面效果融为一体。在灯光的作用下,整个展示区主次分明,温暖的灯光,寓意新生与复苏(图 4.62)。

在空间流线上,一条主线、多条直线相映成趣,充分考虑到不同的人的流动线,以"展示与售卖"的理念布局,商品展示、互动体验、手工制作、私人定制为主要空间,中心设置了商品展示区与互动体验区,利用角落空间设置员工休息间、办公室等,二层的私人定制区设计则丰富了空间形式。

图 4.62 主展厅效果图

2. 设计元素的提炼

设计元素以活字印刷独有的"活字模具"为灵感来源，以大小不同的方块组合构造出千变万化的设计界面，将铸字的元素提炼出来，化繁为简。材料多为木、竹、清水混凝土等新型环保材料，营造出有层次质感的空间效果（图 4.63）。

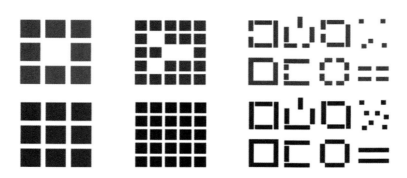

图 4.63 设计元素的提炼

3. 设计理念

作者通过对活字印刷术发展历史的回溯，展望其未来的发展方向，希望设计一个可以传承活字印刷术这一传统技艺的商业空间设计。活字印刷是一场技术革命，也是中华文化瑰宝。活字印刷术——活字印刷体验店是技术的传承、文化的沿袭（图 4.64）。

图 4.64 活字印刷术的发展历史

4. 中心展厅空间分析

受活字印刷术中的铅字模型的启发，作者将展示区域割分为若干个方块区。为了加强产品的视觉冲击力，作者将展示空间打造为一个具有包围感的空间形式，并且选取一个中心展品作为展区的视觉重心，四周采用层层递增、高低错落的叠加方式，形成强烈的包围感（图 4.65）。

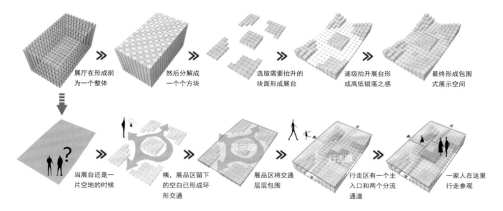

图 4.65　中心展厅空间分析

高低错落的叠加方式可形成强烈的包围感。在交通流线上，该设计有一个主入口，进入展区后左右各有一个分流通道将人们引入不同的区域：一边是卖品区和手工体验区，另一边是卖品区、VIP定制区和咖啡休憩区。整个中心展厅的交通流线呈环状，有较强的视觉辨识度和指引力度。

5. 设计形式分析

在设计形式的选择上，作者联想到制作印字模具时机器发出的"咔嚓咔嚓"的声音和印刷字模具本身的矩形形状。当机器在制作模具发出"咔嚓"的高低之声时，仿佛在演奏一曲曲美丽的乐章，悠扬而又古老的音符在脑海中回荡（图4.66）。

所以，在此次活字印刷店的墙面和天花吊顶设计上，作者将木质的方块高低错落放置，在空间上营造丰富的视觉效果，更是将脑海中那古老的音符形象化，使人仿佛行走在活字印刷的世界之中。在产品展柜的设计上，作者也采用了把木盒堆积在一起的方式来展示商品，形成与历史结合的展柜模式，这种设计不是静止的，而是生动的，是与印刷精神同在的。

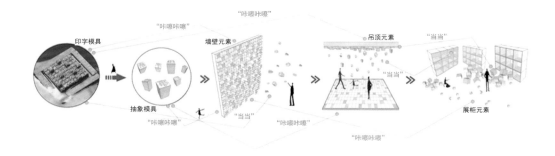

图 4.66　设计形式分析

6. 3D 打印——商品技术

3D 打印的商品技术流程图如图 4.67 所示。

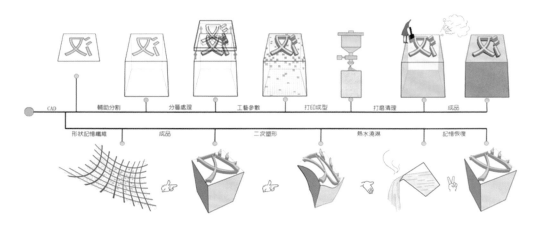

图 4.67　3D 打印的商品技术流程图

7. 总平面布置图

总平面布置图如图 4.68 所示。

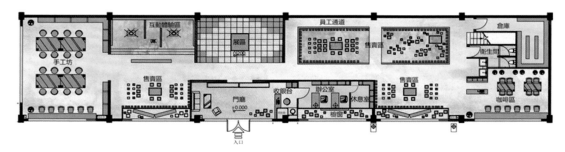

图 4.68　总平面布置图

8. 立面及材质分析

立面及材质分析如图 4.69 所示。

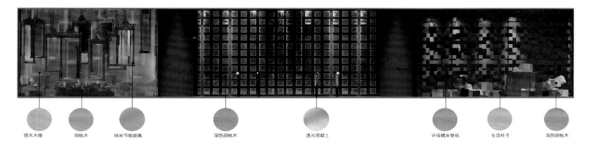

图 4.69　立面及材质分析图

9. 设计成果图

铸字成星——"日新铸字行"活字印刷概念店室内设计图如图4.70～图4.72所示。

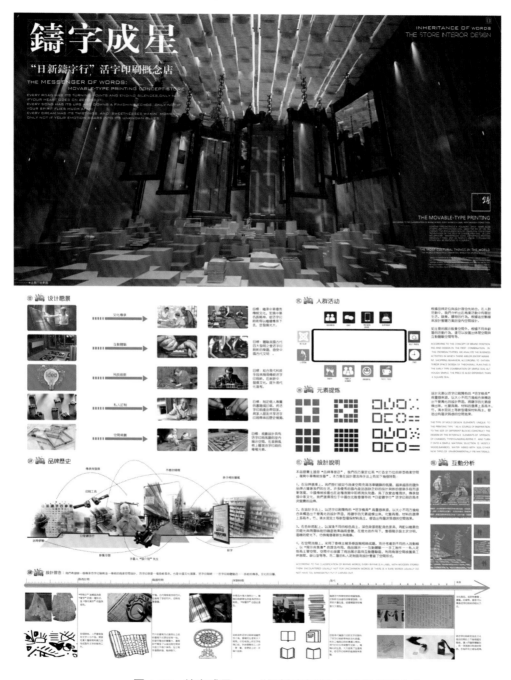

图4.70　铸字成星——"日新铸字行"活字印刷概念店一

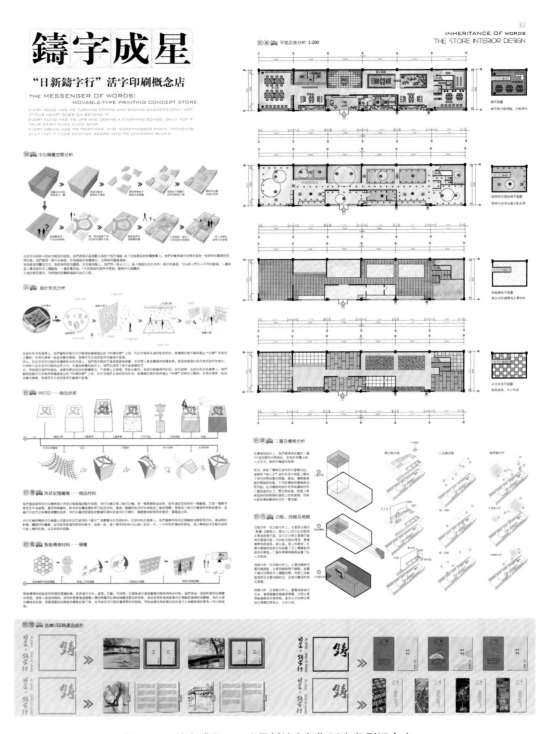

图 4.71　铸字成星——"日新铸字行"活字印刷概念店二

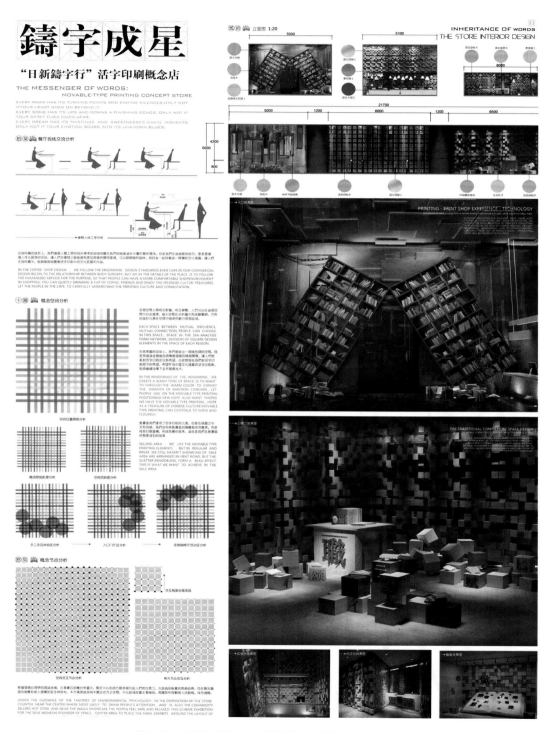

图 4.72　铸字成星——"日新铸字行"活字印刷概念店三

4.3.3 拙木成器——用手思考的废木重生

拙木成器——用手思考的废木重生获得了 2016 年"新人杯"全国大学生室内设计竞赛一等奖。

1. 设计理念解析

随着木材消耗量的不断增加，木材的供需矛盾日益突出。加快发展废弃实体木材回收循环利用技术是缓解木材供需矛盾、实现木材资源可持续利用的重要途径，也是发展循环经济、建设节约型社会的必然要求。

利用城市废弃木材，符合我国经济发展战略，得到了包括政府、企业、科研机构等在内的社会各界的共同关注和支持。国家发改委的《关于加快推进木材节约和代用工作的意见》得到国务院正式批复，其重要内容是针对我国木材消费行为和消费结构还不尽合理的现状，把木材节约和代用作为发展循环经济、建设节约型社会的重中之重（图 4.73）。

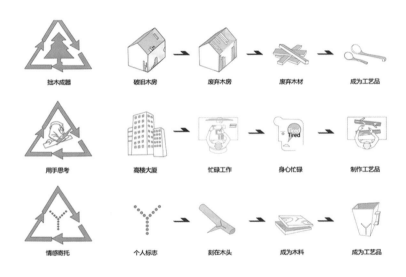

图 4.73 设计理念解析

2. 现状分析

我国城镇产生了大量的废旧家具、废旧木材、废旧建筑用构件等废弃木材，这些废弃木材数量巨大，亟待回收利用。据统计，我国每年产生的废弃木材数量达到 2000 万吨以上，折合木材 3000 万立方米以上（图 4.74）。

我国是世界上木材资源相对短缺的国家，目前国内每年木材需求量为 3 亿多立方米，木材供应缺口在 0.7 亿至 1 亿立方米之间（图 4.75）。

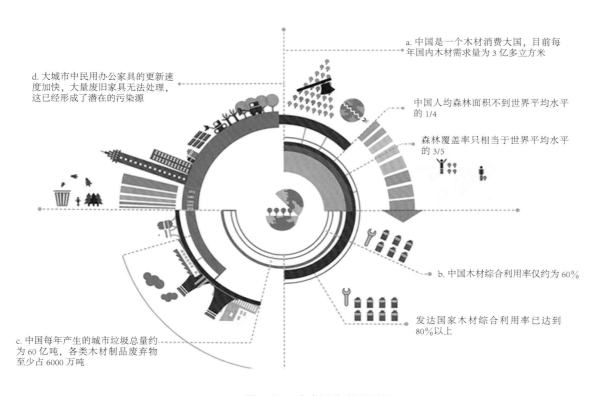

a. 中国是一个木材消费大国，目前每年国内木材需求量为 3 亿多立方米

中国人均森林面积不到世界平均水平的 1/4

森林覆盖率只相当于世界平均水平的 3/5

b. 中国木材综合利用率仅约为 60%

发达国家木材综合利用率已达到 80% 以上

c. 中国每年产生的城市垃圾总量约为 60 亿吨，各类木材制品废弃物至少占 6000 万吨

d. 大城市中民用办公家具的更新速度加快，大量废旧家具无法处理，这已经形成了潜在的污染源

图 4.74 废木回收利用现状

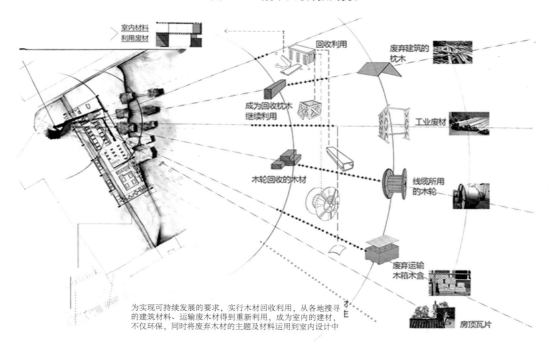

室内材料利用废材

回收利用

废弃建筑的枕木

成为回收枕木继续利用

工业废材

木轮回收的木材

线缆所用的木轮

废弃运输木箱木盒

房顶瓦片

为实现可持续发展的要求，实行木材回收利用，从各地搜寻的建筑材料、运输废木得到重新利用，成为室内的建材，不仅环保，同时将废弃木材的主题及材料运用到室内设计中

图 4.75 设计材料运用

3. 平面形态分析图

废弃木材的平面形态分析图如图 4.76 所示。

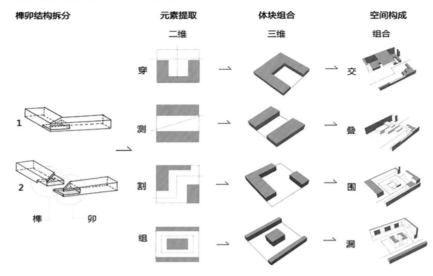

图 4.76　平面形态分析图

4. 室内平面图

利用废弃木材进行创新设计，其平面布置图、天花图和铺装图如图 4.77～图 4.79 所示。

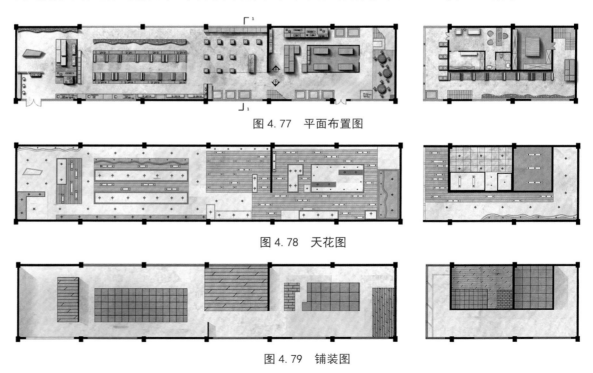

图 4.77　平面布置图

图 4.78　天花图

图 4.79　铺装图

5. 立面图及材质分析

立面的主要材质为混凝土和木材，浅灰色混凝土将木材的质感衬托得更为温和，混凝土面板上人工施工的痕迹使木材本身的纹路更为鲜明，充满自然的气息。传承改进后的浅木色雕花窗借鉴古典园林漏景手法，将室外天光引入到室内，形成丰富的光影效果。

立面以精心雕琢、颜色浅淡典雅的榉木板构成整面墙体装饰。墙体线条如风吹树叶般起伏波动，在以榫卯为元素的空间中，给人带来生动灵活的观感。同时，室内设计的灯光投映在墙面上，形成波澜起伏、光影变幻的效果（图4.80）。

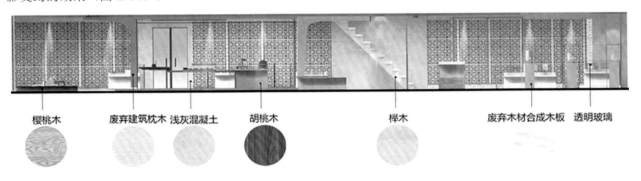

图4.80 室内立面图及材质分析

6. 室内能量循环分析

坡屋顶将雨水汇集到集水管中，部分雨水重新进入地下涵养水源，一部分被储存，在室内使用。随着太阳高度的变化，进入室内的光线也发生变化，随之形成多样的光影变化，使展厅和木工房熠熠生辉（图4.81）。

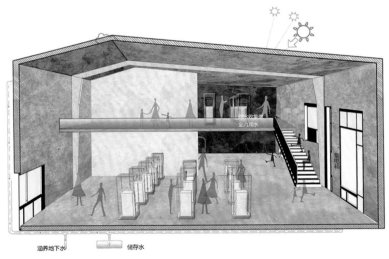

图4.81 能量循环分析

7. 室内结构分析图

室内结构分析如图 4.82 所示。

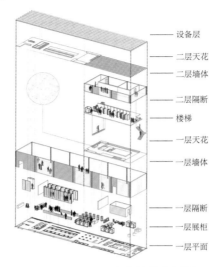

图 4.82　室内结构分析图

8. 情感分析图

情感分析图如图 4.83 所示。

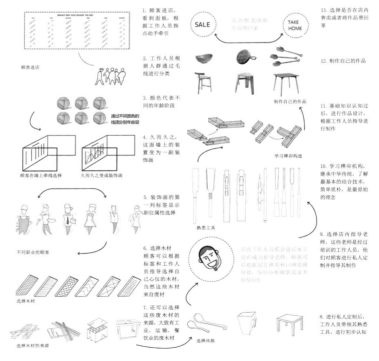

图 4.83　情感分析图

9. 陈设家具设计演变分析

"用手思考"理念的提出以传承中国传统木作工艺技术，改变现代人看待事物的方式与思考方式为目的。中国人使用木材的历史源远流长，从最初穴居及简陋木构房屋的出现，到秦汉恢宏的木建筑、明清典雅的木家具，木材的利用贯穿了中国历史。作者在此方案中运用的正是中国传统木作工艺的精华——榫卯。方案设计中以榫卯为元素，提取穿插组合的概念，形成了丰富的平面形式与空间构成。除弘扬传统工艺以外，"用手思考"也希望在依赖现代工具的生活中，借人们自身的手工活动将人解放出来。通过手的触摸、感受、运作，唤起截然不同的思考方式（图 4.84）。

10. 设计愿景

此方案设计以"废木利用""用手思考""私人定制"为三大核心理念，以废弃木材与速生木材为主要装饰材料，着重思考现代社会城市生活中人与人之间、人与自然之间、人与历史之间的关系，尽力为当今因快节奏、远离自然的生活方式而感到疲惫的人们提供放松心情的小世界。

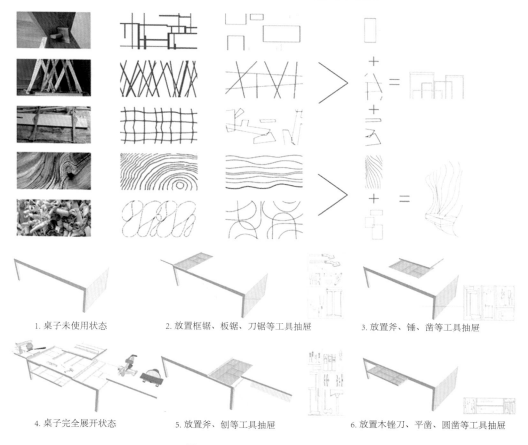

1. 桌子未使用状态　　2. 放置框锯、板锯、刀锯等工具抽屉　　3. 放置斧、锤、凿等工具抽屉

4. 桌子完全展开状态　　5. 放置斧、刨等工具抽屉　　6. 放置木锉刀、平凿、圆凿等工具抽屉

图 4.84　陈设家具设计演变分析

11. 设计成果图

拙木成器——用手思考的废木重生设计如图 4.85 ～图 4.87 所示。

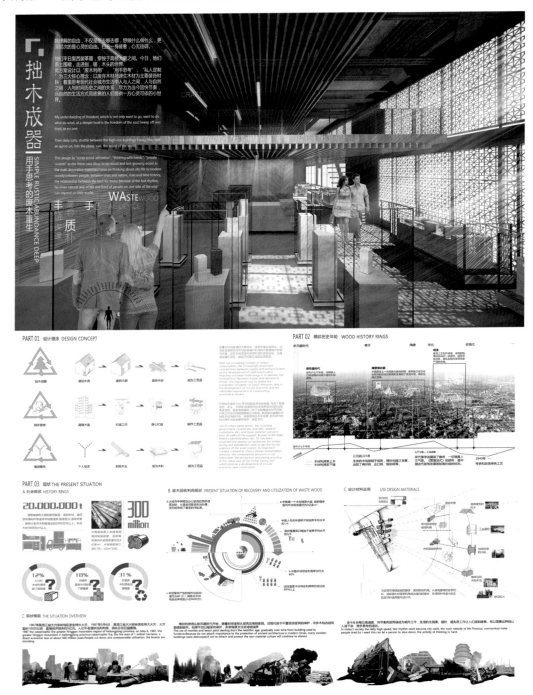

图 4.85　拙木成器——用手思考的废木重生设计图一

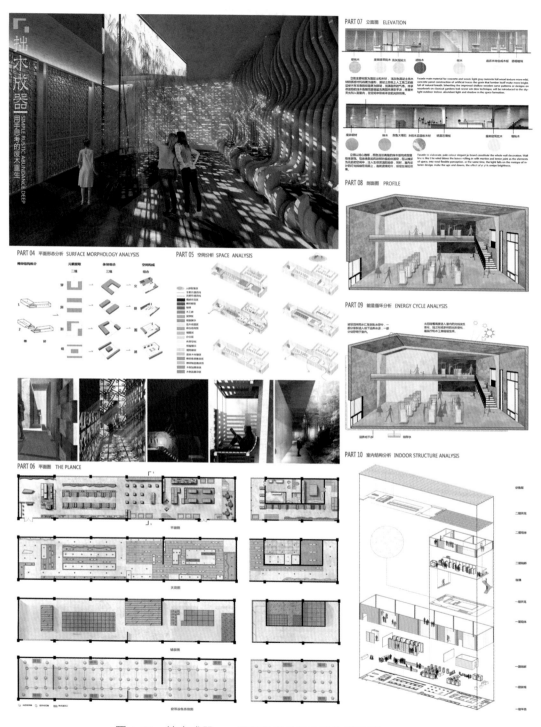

图 4.86　拙木成器——用手思考的废木重生设计图二

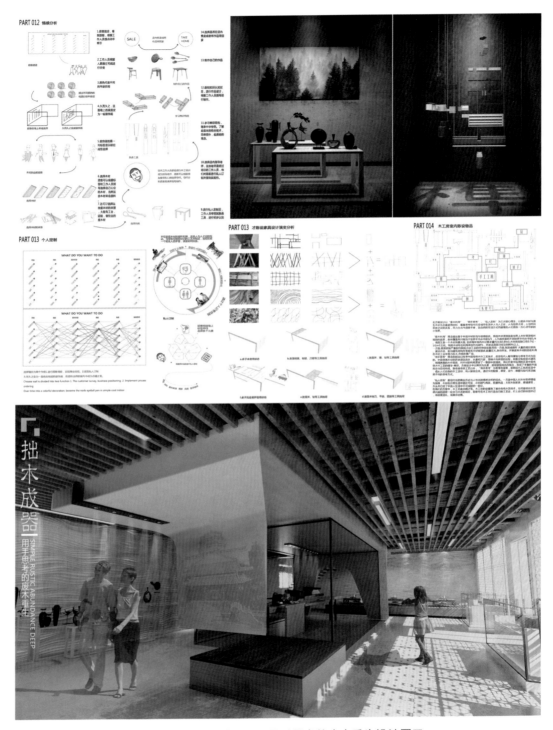

图 4.87　拙木成器——用手思考的废木重生设计图三

4.3.4 移觉——关于嗅觉可视化设计

移觉——关于嗅觉可视化设计获得了 2016 年"新人杯"全国大学生室内设计竞赛一等奖。

本设计主要以嗅觉可视化为核心，实现香水产业的繁荣，使其展示内容、营销模式、体验方式紧密与时代接轨。

1. 整体空间色彩设计说明

整体设计由入口净化通道的黑色转为明亮的白色，加上高大的石膏效果，使顾客有一种豁然开朗的威严感，类比于香水中的"前调"。收银处的白色与品牌形象展示处的白色相衔接，再渐渐过渡到中央展示区的白色柜台和透明磨砂玻璃，形成整个空间的中段空间，类比于香水中的"中调"。侧面的深度体验区又回转到黑色，使"中调"充满变化与动感，后面的体验空间材质构成更加丰富，是令人印象深刻的"后调"。再上升到二层空间，为后调中最后的遗香（图 4.88）。

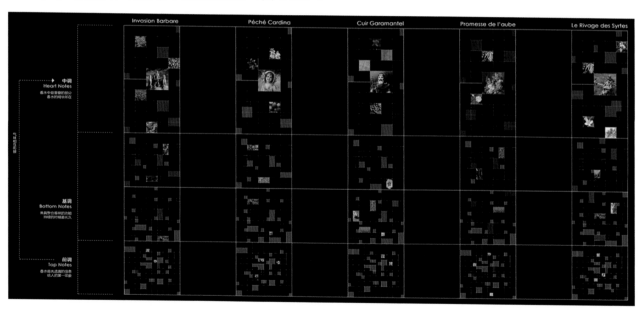

图 4.88　香水成分分析图

2. 品牌解读

文艺复兴时期的雕塑家着手从人的尘世美与真的方面来表现人。他们受古代榜样的鼓舞，创作了富有立体感、表达坚定信念的雕塑。MDCI 香水是为香水业余爱好者和香水收藏家创造的专属香水以及提供理想的美的瓶身。通过带有着美妙情感元素的瓶子和瓶塞，增强香水的魅力，为最有才华的调香师提供完全自由的现场，让他们自由探索任何方向，自由使用任何原料。随着时间的推移，MDCI 香水的认知度和曝光量逐渐增长，已经成长为一个活跃的气味"实验室"。调香师添加了新香水，发现了一条新道路。在关于水晶和陶瓷的先锋性创作中诞生了全新的展览，使品牌的识别性更强。

3. 体验方式

作为基于交互体验、结合高科技虚拟体验技术的香水店铺，设计者意推翻传统单一的闻香购买方式，所以在空间中置入了多种体验环境空间，将虚拟成像技术、漏斗喷香体验、试听装置和便携的空气罐头完美地置入其中（图 4.89）。

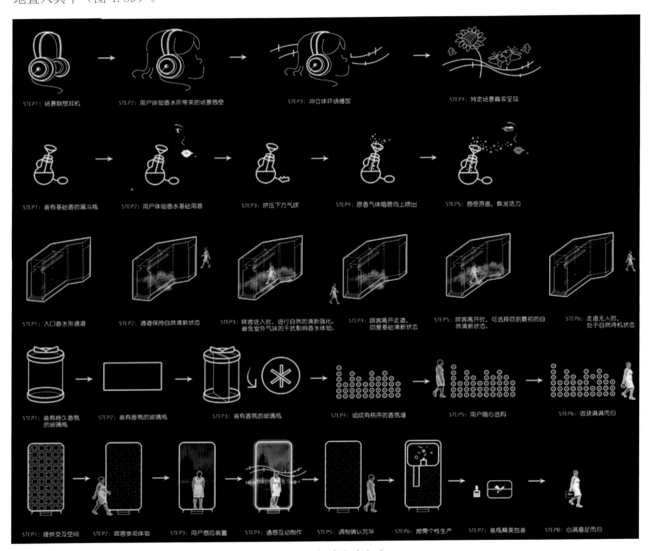

图 4.89　多种体验方式

4. 室内平面图

室内平面布置图与天花图如图 4.90、图 4.91 所示。

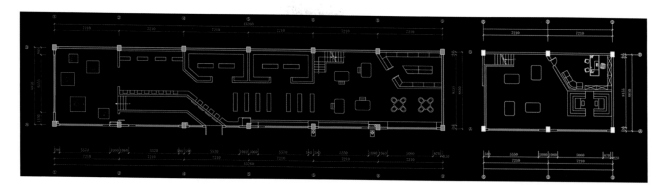

图 4.90 平面布置图

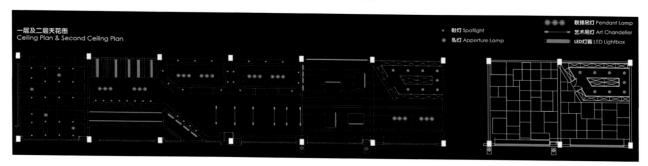

图 4.91 天花图

5. 设计说明

设计者从香水行业中目前存在的问题出发，提出解决方案。在改善目前香水行业不发达、推广度小、受众面窄、表达方式单一等现状的同时，依据通感与空间设计的基础理论，结合现代最为流行与高科技的虚拟体验、交互体验、模拟体验等三维立体多样化的技术，促进香水产业的繁荣，使其设计展示内容、营销模式、体验方式与时代紧密接轨。为了着重突出这一目的，我们选取了较为年轻但是却内涵深刻的香水——来自法国的中奢级香水 MDCI，进行此次商业空间的设计。

整体设计思路从香水品牌自身的定位和形象出发，"香水的表达是一种艺术而不是一种产业"，"香水是快乐、自信和美丽的源泉，而不是一种简单的货物"，所以每一款香水都创造了"身份标识"。同时，MDCI 品牌采用了大量的特色陶瓷头像并用后现代主义的瓶贴画，使其产生新的美感，是现代艺术向文艺复兴时期香水致敬的标志。同时石膏作为一种拥有静态美感的物体与具有动感的香氛产生碰撞，也是一种冲突对比。

该设计的主题色调采用黑色，营造大体气氛，点缀白色，辅以浓郁的紫色，点缀有质感的金色，搭配黄白色的花朵作为中间色，以突出轻奢气氛。

6. 设计成果图

关于嗅觉可视化设计的成果图如图 4.92～图 4.94 所示。

图 4.92　移觉——关于嗅觉可视化设计一

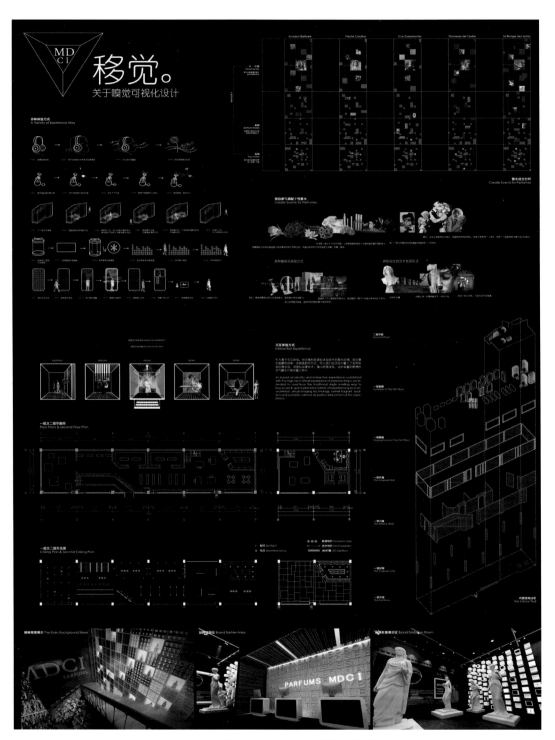

图 4.93　移觉——关于嗅觉可视化设计二

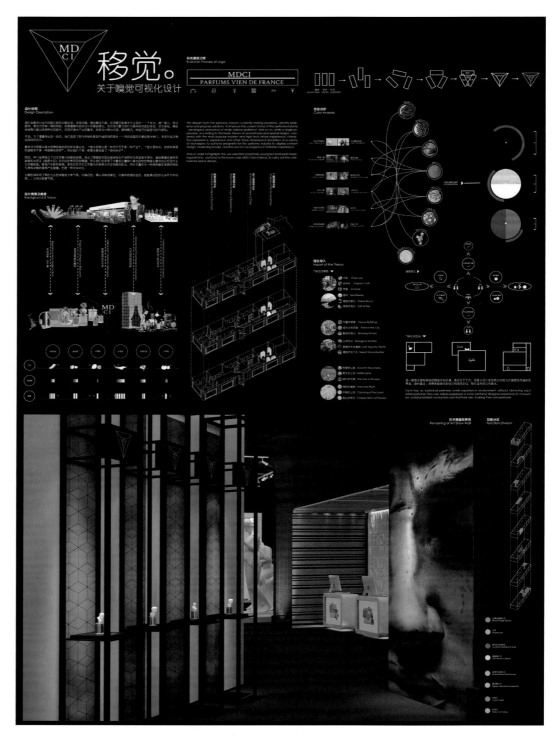

图 4.94　移觉——关于嗅觉可视化设计三

4.4 居住空间室内设计

4.4.1 见需行变——基于可变思维的租房居住空间设计

见需行变——基于可变思维的租房居住空间设计获得了 2017 年"新人杯"全国大学生室内设计竞赛二等奖。

1. 设计说明

受市场指向影响，房产资源分配不均，许多空置房、房贷压力使人们的生活品质受到严重影响。人们望房兴叹，转而改变观念，弃买选租，拒当房奴，因而租房市场有巨大潜力。

如西班牙《世界报》所说："中国的高房价毁灭了年轻人的爱情和想象力。他们的生活从大学毕业开始就是物质的、世故的，而不能体验一段浪漫的人生，一种面向心灵的生活方式。"

应运而生的群租房在执行上往往混乱且不合法。如今平均收入的增长使人们对租房有了更高要求。随着国家出台政策解决租房无法享受义务教育、医疗报销、用公积金难等问题，扩大租房有效供给，保障租房者权益，也会积极推动人们选择租房生活，转变生活方式，减轻生活负担。

此方案以折纸为元素，设计可移动重叠的墙体，多变的空间结构提供了多重选择，具有超强容纳性，利用率高，满足不同人数和不同时期的需求。灵活的空间是适应未来租房潮流的前瞻理念（图 4.95）。

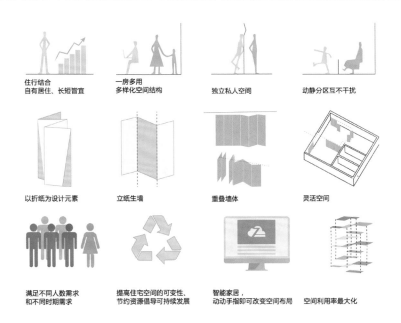

图 4.95 设计理念

2. 室内平面图

基于可变思维的租房居住空间设计的室内平面图如图 4.96 所示。

图 4.96　室内平面图

3. 立面图及材质分析

基于可变思维的租房居住空间设计的立面图及材质分析如图 4.97、图 4.98 所示。

| 柚木防盗门 | 白色橡木柜 | 纸墙 | 榉木门 | 大理石踢脚 | 咖啡色织布 | 金属烤漆架 |

图 4.97　客厅立面图及材质分析

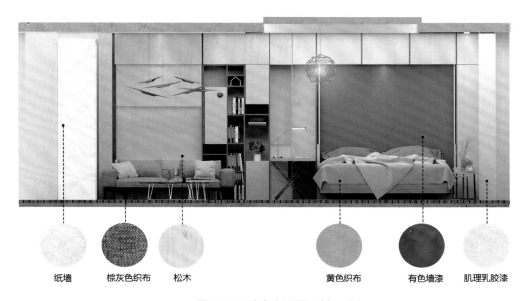

| 纸墙 | 棕灰色织布 | 松木 | | 黄色织布 | 有色墙漆 | 肌理乳胶漆 |

图 4.98　卧室立面图及材质分析

4. 空间可变性

移动隔断是一种根据需要沿轨道空间分散或整合并具备墙体功能的活动墙。移动隔断通过营造一个连续开放的室内环境，可随意在不同功能的空间自由转化，实现空间效果最大化，同时满足不同人数和不同时期的需求（图 4.99）。

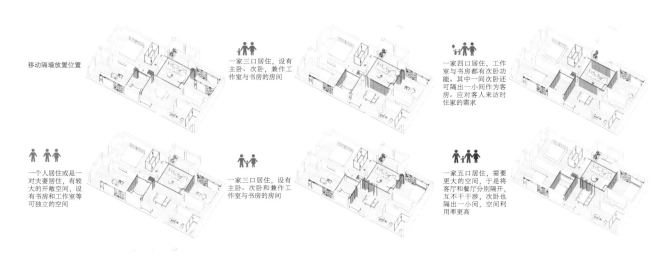

图 4.99　空间可变性展示

5. 活动家具分析

灵活的家具突破传统家具的设计模式，通过折叠可以将面积或体积较大的物品尽量压缩。这些家具独具美感，还兼具了实用功能，或拥有灵活自由的使用方式，或功能多样化，这类设计能为居室腾出不少空间，适用于中小户型（图 4.100）。

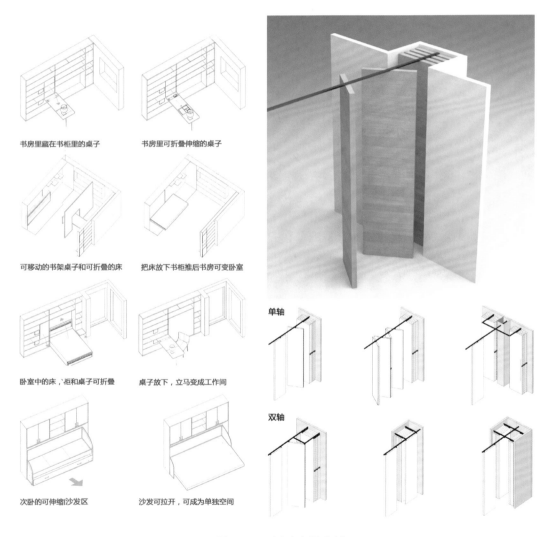

书房里藏在书柜里的桌子　　书房里可折叠伸缩的桌子

可移动的书架桌子和可折叠的床　　把床放下书柜推后书房可变卧室

卧室中的床、柜和桌子可折叠　　桌子放下，立马变成工作间

次卧的可伸缩沙发区　　沙发可拉开，可成为单独空间

单轴

双轴

图 4.100　活动家具分析

6. 设计成果图

基于可变思维的租房居住空间的设计成果如图 4.101～图 4.103 所示。

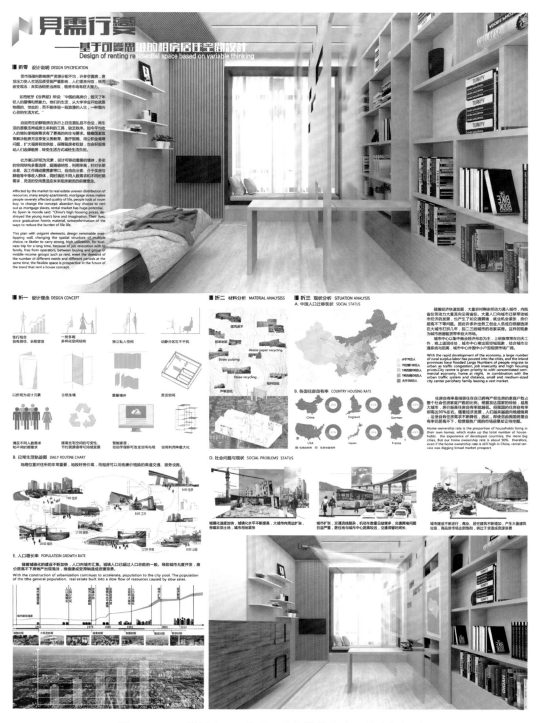

图 4.101 见需行变——基于可变思维的租房居住空间设计一

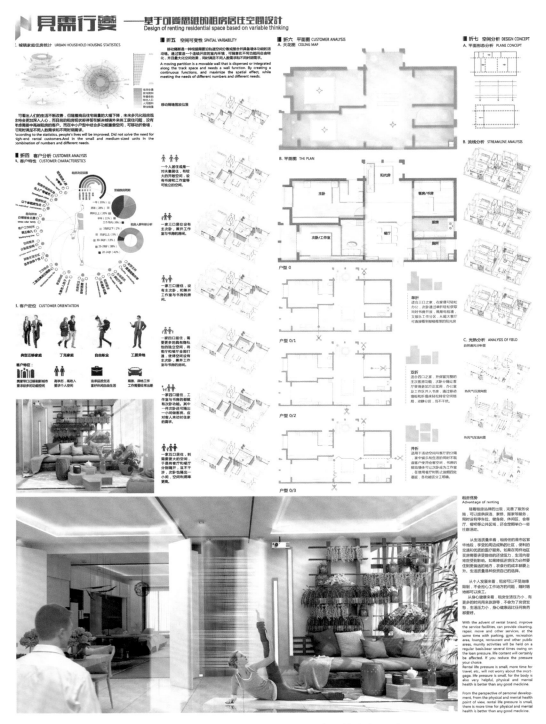

图 4.102　见需行变——基于可变思维的租房居住空间设计二

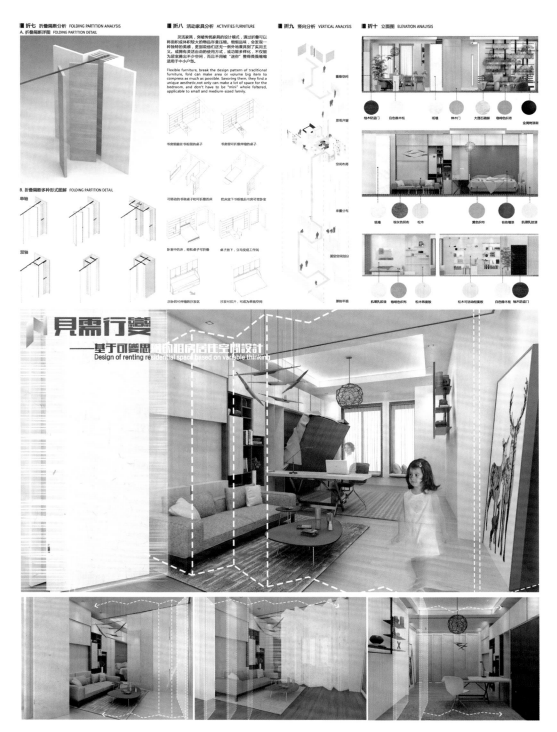

图 4.103　见需行变——基于可变思维的租房居住空间设计三

4.4.2 开合无间——灵活多变的室内空间设计

开合无间居住空间室内设计获得了 2017 年"新人杯"全国大学生室内设计竞赛一等奖。

1. 作者的思考

作者的相关思考如下（图 4.104）。

①多元演绎平面空间里的发散思考（延伸、翻译与理解）。

②假设一种留白空间，"给精神一个留白之所，给自然一块留白之地"。

③古人的建造"留白"：四合院、四水归堂。

④绘画的艺术"留白"：图与底的正负形、相互烘托。

⑤假设一种不定空间，"心理层次需求的不定移动，空间固化形式的不定破除"。

⑥马斯诺需求层次理论。

⑦可组合式模块。

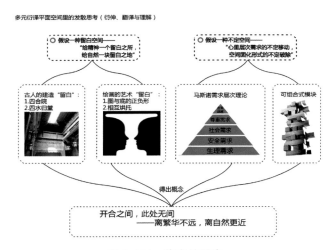

图 4.104 作者的思考

2. 概念解析

"开合"其一是指空间的开合变动，"开"为开敞，指公共空间；"合"为封闭，指私密空间。其二是指人的社会性与个体性的转化，"开"为面向群体，"合"为面向自我。"无间"其一可以理解为心之无间，心灵得到放飞，思维没有约束，充分释放自我，展现个体；其二可以理解为形之无间，指空间没有间隔，处在不断的变化之中，模糊空间的界限，融合空间内的各种状态与功能。

3. 环境概况

主人性格：温文尔雅，具有一定生活情调，追求生活品质，独自一人时喜爱享受静谧时光，爱好喝茶、冥想、看书；与其他人交流时性格开朗，喜爱在家里举行聚会活动。

户型特征：位于喧嚣城市内一处私人开发的多层住宅内，位于顶层，视野开阔。

4. 空间演变

将户型内非承重墙体全部移除，最大化地去除空间内部原始的制约条件，留下开敞空间，实现空间的极限开阔。

在全开敞空间的基础上的咬合承重墙接头处置入核心留白的复合空间，并由此延伸发散至其他各空间，形成不同的不定空间与留白空间，最终在一个平面内形成不同功能（图4.105）。

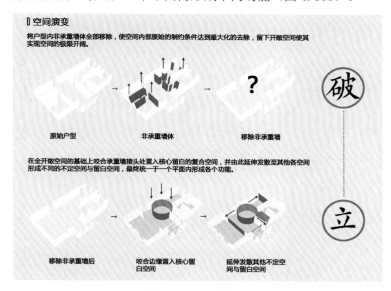

图4.105 空间演变

5. 不定空间的界面分析

不定空间的界面分析包含以下六个方面（图4.106）。

①可升降的帷幕：在起居室圆形核心空间内设置可上下收缩的帷幕。帷幕拉下时，圆形区域内部形成私密围合空间；帷幕升上时，为开敞公共空间。

②可变的玻璃：将起居室圆形核心空间半边界与两间卧室的边界进行复合共用，使用智能玻璃进行分隔。玻璃可在不透明、半透明、全透明三种状态中调节，模糊空间边界。

③活动的转门：厨房餐厅与客厅之间设有可活动的智能玻璃转门，可根据需求将两个空间进行全合并、半合并和分隔关闭，形成多样的不定空间。

④发光的月洞门：在阳台与起居室中设置透明的具有古典园林意境的月洞门，并在传统的基础上进行创新，使用透明的吸光荧光材料，白天为透明状态，夜晚为发光状态，实现空间视觉变化，同时更具趣味性。

⑤开合的天窗：由于户型为私宅顶层，在核心圆形空间顶部和两间卧室顶部设置了可开合的双层天窗，增加采光通风的同时创造多样的室内空间界面。

⑥转动的隔板：在卧室与阳台的分隔处设置了多扇可转动的隔板，对空间边界进行界定，同时又可使两个空间相互交会。

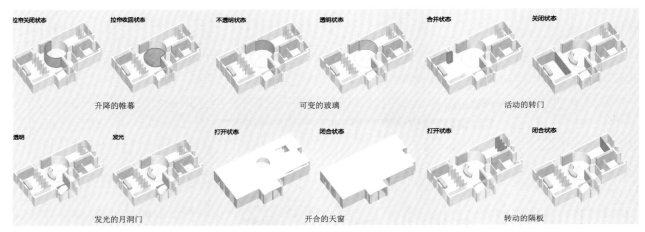

图4.106　不定空间的界面分析

6. 平面图

开合无间居住空间室内设计的相关平面图如图4.107、图4.108所示。

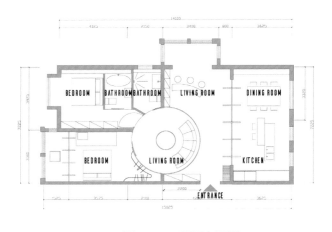

图4.107　平面布置图

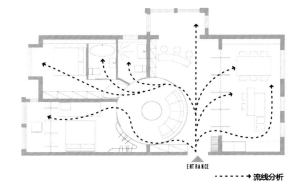

图4.108　室内流线分析图

7. 立面图

开合无间居住空间室内设计的相关立面图如图4.109～图4.112所示。

图 4.109　次卧立面图 A

图 4.110　次卧立面图 B

图 4.111　主卧立面图

图 4.112　起居室立面图

8. 家具分析

书架模块组合：书架采用模块化设计，使用时可以根据需要将抽屉和储物格位置互换，可将储物格中间隔板抽出从而扩大储存空间（图 4.113），空间更加灵活，方便使用者使用。

沙发模块组合：组合沙发使用模块化设计，可以根据使用需求任意组合，能够在一定程度上摆脱沙发形态的束缚，而多样性的组合适合在家庭聚会时使用（图 4.114）。

图 4.113　书架模块组合

图 4.114　沙发模块组合

9. 技术分析

室内玻璃幕墙：玻璃采用中空隔音夹层玻璃制成，能够保证主卧不受客厅的噪声干扰；玻璃门采用电控色玻璃与智能玻璃，以多层复合结构玻璃制成，可以自动调节明暗，手动控制单双线向可见（图 4.115）。

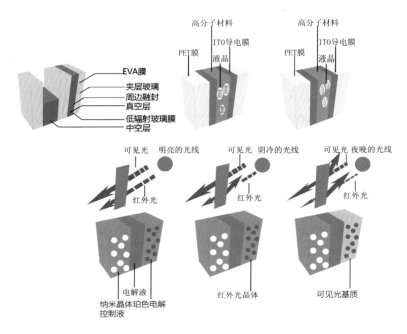

图 4.115　玻璃幕墙技术分析

10. 设计愿景

使用者能够通过使用该居住空间使自己的生活品质提高，并放松精神状态。

焦虑浮躁群体的共性能够通过空间内的"开合"与"无间"引起思考，从慢与快、躁与静中找到平衡点。

作为"货架城市"的基本单元细胞，应当通过"留白"和"不定"这样的修复形式从内在开始改变其机械性与市场性，以小见大，使城市慢慢发生良性的革新。

对封闭并且限定的容器空间内部进行破除重组，将固定转化为灵活，使空间实现集约化使用与多样化转换，将空间的感知与人的心理需求充分结合。

在室内引入自然环境，将古人的山水意境与艺术创作中的文化内涵通过具象设计呈现出来，在有限的空间内构建无限自然山水。

11. 设计图成果

开合无间居住空间室内设计成果图如图 4.116 ～图 4.118 所示。

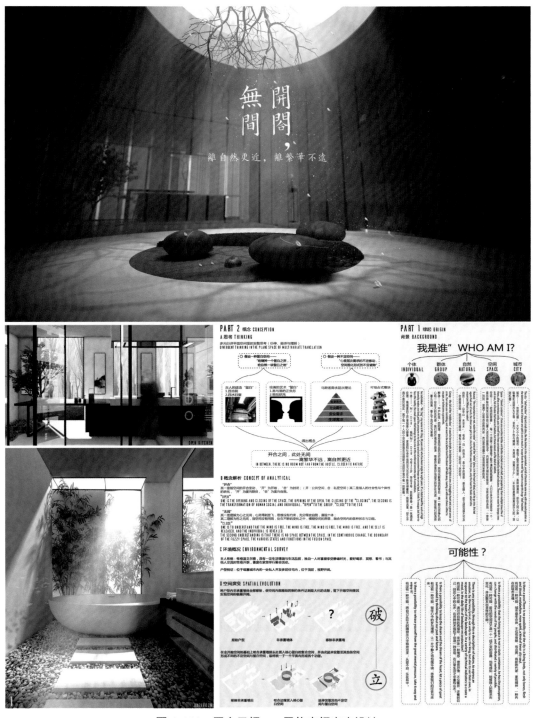

图 4.116　开合无间——居住空间室内设计一

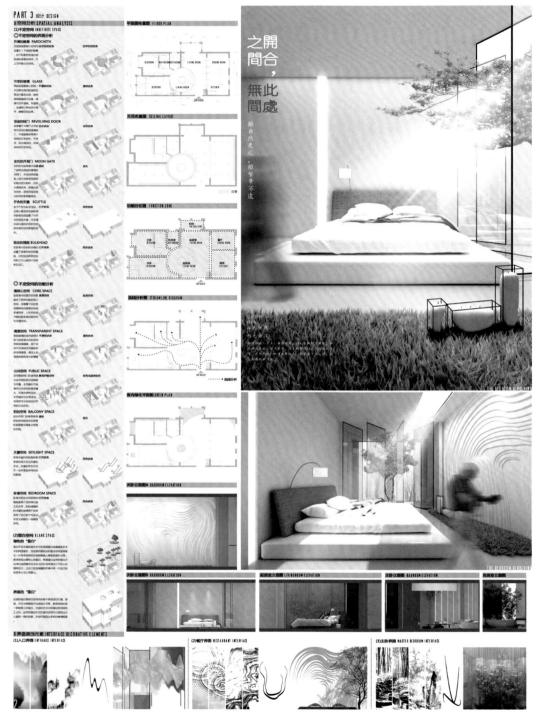

图 4.117　开合无间——居住空间室内设计二

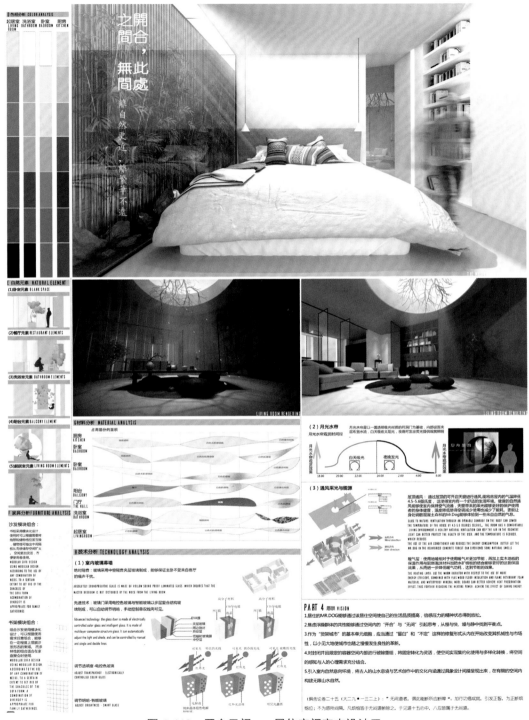

图 4.118　开合无间——居住空间室内设计三

4.5 儿童居住空间设计

星的孩子——自闭症儿童居住空间设计获得了 2017 年"新人杯"全国大学生室内设计竞赛二等奖。

1. 设计说明

自闭症是一种严重的精神疾病，患者多数为儿童。近年来，我国自闭症患儿数量迅速上升，受到各界人士的密切关注。因研究起步较晚，各方面设施设备尚待完善，针对自闭症患儿居住生活空间的设计领域目前还缺乏相关研究。许多自闭症患儿的居住空间设计只注重了各种训练的设备与玩具，而忽视了空间本身对患儿的影响。因此，设计者针对这一特殊群体，对其生活空间的设计进行了思考和阐述。

整体的设计思路从自闭症患儿的生理认知入手，旨在营造专属自闭症患儿的生活空间，从他们的思维角度出发，遵循他们的症状与行为特点，通过对患儿内心世界与行为反应的调查，设计出相应空间，用空间引导的方式改善自闭症患儿的生活。自闭症患儿严重缺乏安全感，设计者在其生活空间设计上考虑到了安全性与舒适性。他们喜欢狭小的空间，角落能使他们感到安全舒适。在空间上，作者分割出了一些便于他们私密活动的小空间，同时使用重复排列、序列性强、单纯的空间形式，加强空间指向性，从空间形式的角度改善自闭症患儿的生活状态。设计的主色调采用素雅的木色，辅以白色，并点缀淡黄色与淡粉色的装饰物，给自闭症患儿温暖的感觉，在一定程度上起到缓和情绪的作用（图 4.119）。

包裹的空间 温暖的风格　　　　　　　　　　　干净的颜色　丰富的肌理

多媒体感官治疗方式　　　　　　　　　　　私密空间与互动空间串联

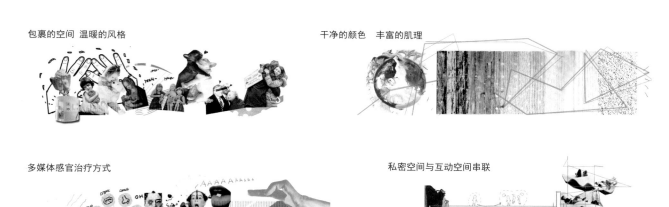

图 4.119　设计特色

2. 理论导入

空间首先要大小结合。小空间为自闭症患者创造独立的私密空间，大空间为患者创造良好的互动环境，大小空间要灵活贯通，用不同的空间尺度引导患者的心理状态。

重复、序列性强的形状排列能使人产生迷幻的效果，暂时降低自我辨别能力，产生不真实的感觉。

曲线形可以活跃空间氛围，同时也有一定的指引作用。曲面有包裹感，也有约束之意。自闭症患者更喜欢这种包裹空间，因为这给他们更多安全感。

在适合患者的空间设计中，可以充分利用自闭症儿童的近端趋向与趋光心理，通过制造这些弧形的角落空间，使空间更有趣，使儿童找到专属的空间。

在设计中，设计者全方位调动自闭症儿童的感知系统，充分考虑患者置身其中时对视觉、听觉、嗅觉、触觉等的感知。现代都市环境的喧嚣使得自闭症患者精神紧张，所以在不同场所中模拟了各种不同的自然的声音（图 4.120）。

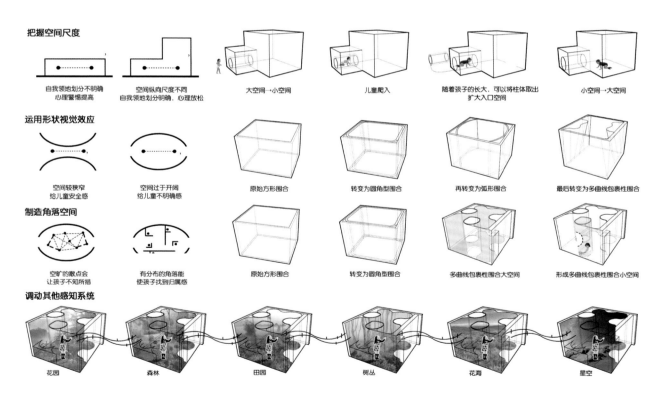

图 4.120　理论导入

3. 概念提取

自闭症儿童居住空间设计的概念提取如图 4.121 所示。

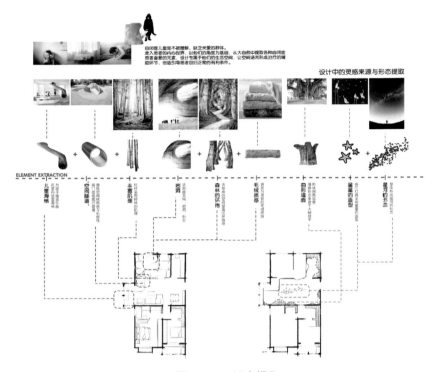

图 4.121　概念提取

4. 平面图

自闭症儿童居住空间设计的平面布置图如图 4.122 所示。

图 4.122　平面布置图

5. 立面图

自闭症儿童居住空间设计的相关立面图如图 4.123、图 4.124 所示。

图 4.123　客厅立面图

图 4.124　卧室立面图

6. 多媒体感知系统

触觉可以帮助我们调整网状觉醒系统，调节情绪，了解其他感觉信息的意义，促进神经系统的发展。自闭症儿童的触觉训练必须在没有其他感觉帮助的情况下进行。

自闭症儿童的视觉训练是康复训练中的一个大问题，通过交互屏幕让自闭症儿童认识不同形状、基本色彩及颜色深浅，并能辨认光线的明与暗等。

社交行为可以提高自闭症儿童的生活质量。设计中由多媒体交互系统代替真实的人，锻炼自闭症儿童的社交能力。

听觉训练是通过多媒体设备进行的一种音乐疗法。通过系统设定的成套音乐对儿童脑部形成特定的刺激，使儿童增加语言、对视及有效交流的一种治疗手段。

自闭症儿童在嗅到各种气味时不会像正常人一样调节吸气速率。因此，通过感知系统喷洒各种气味锻炼患儿的嗅觉，从而使他们学会调整吸气频率（图 4.125）。

图 4.125　多媒体感知系统

7. 设计成果图

星的孩子——自闭症儿童居住空间设计成果图如图 4.26～图 4.128 所示。

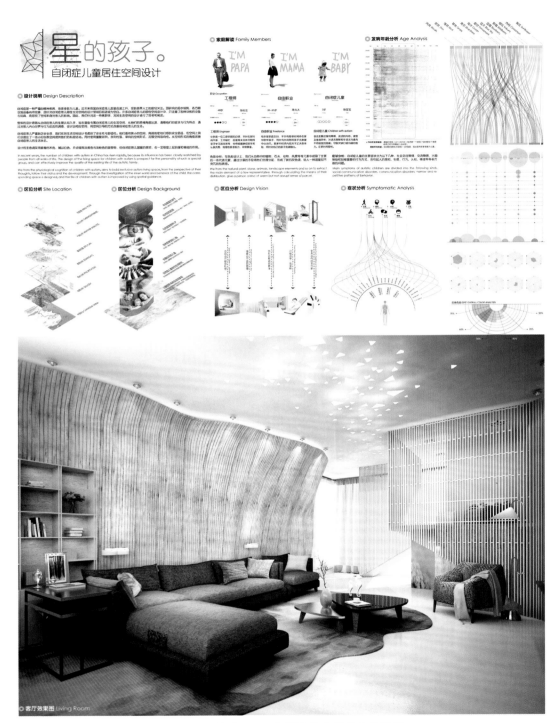

图 4.126　星的孩子——自闭症儿童居住空间设计一

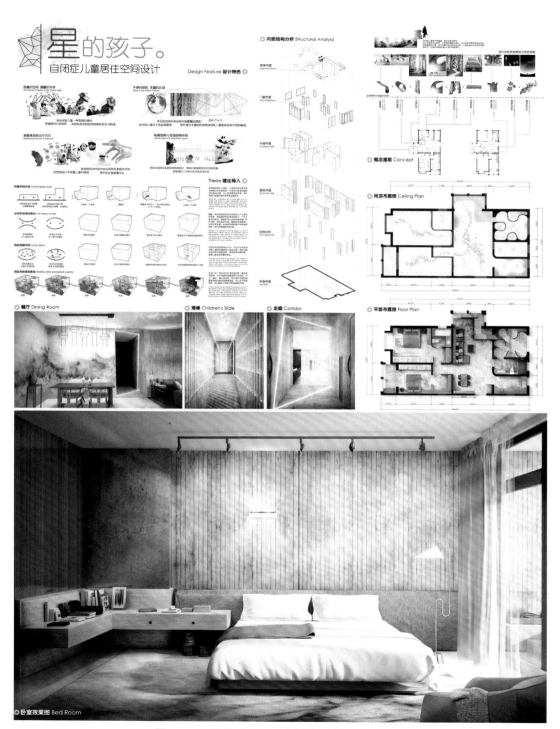

图 4.127　星的孩子——自闭症儿童居住空间设计二

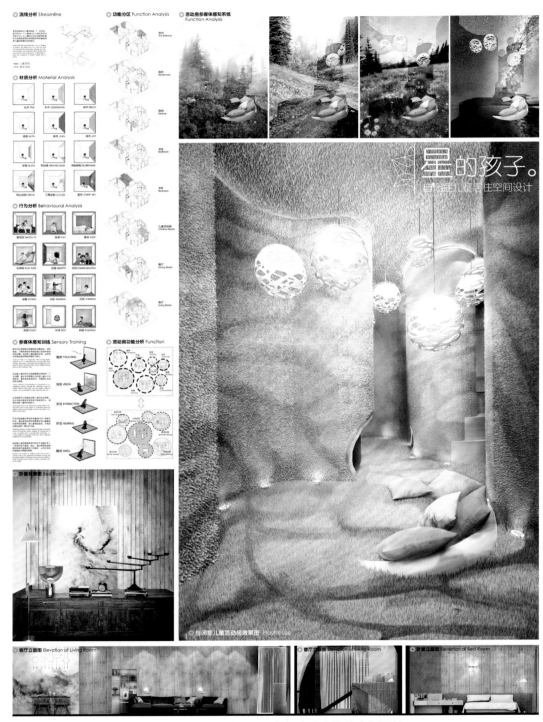

图 4.128　星的孩子——自闭症儿童居住空间设计三

附 录

图 片 来 源

序 号	图 名	图 片 来 源
1	图1.1 艺术家王福瑞作品《声点》	立方计划空间
2	图1.2 世界博览会日本馆外观	http://bank.hexun.com/2008-09-08/108638714.html
3	图1.3 世界博览会日本馆内景	http://www.sohu.com/a/119026315_376229
4	图1.4 妹岛和世与西泽立卫设计的瑞士劳力士学术中心	genevalunch.com
5	图1.5 瑞士劳力士学术中心内景	http://www.ideamsg.com/2012/06/rolex-learning-center/
6	图1.6 华中科技大学青年园	甘伟自摄
7	图1.7 蒙德里安裙	http://www.sohu.com/a/154775563_744850
8	图1.8 日本产品设计师深泽直人所设计的台灯	http://www.sohu.com/a/76720835_171669
9	图1.9 核心知识类书目	胡雯绘制
10	图1.10 文学类、史学类、哲学类书单	胡雯绘制
11	图1.11 拓展类书单	胡雯绘制
12	图1.12 埃德蒙德·胡塞尔	http://image.baidu.com/
13	图1.13 年轻时的雷姆·库哈斯	http://image.baidu.com/
14	图1.14 深圳某城中村	http://roll.sohu.com/20120628/n346701624.shtml
15	图1.15 武汉某城中村	http://www.sohu.com/a/63621617_347964
16	图1.16 叔本华	http://www.ximalaya.com/youshengshu/4215778/
17	图1.17 Mapping 工作坊跟踪卖糖葫芦的阿姨	【一席】何志森：一个月里我跟踪了108个居民，发现一个特别好玩的事，80%的人手里……
18	图1.18 流浪汉们在一周内的移动轨迹	【一席】何志森：一个月里我跟踪了108个居民，发现一个特别好玩的事，80%的人手里……
19	图1.19 建筑大师赖特作品——流水别墅	http://www.sohu.com/a/215608110_652964

续表

序　号	图　名	图片来源
20	图1.20 建筑大师密斯·凡·德·罗作品——范斯沃斯住宅	http://www.yuanlin365.com/news/297104.shtml
21	图1.21 建筑大师柯布西耶作品——萨伏耶别墅	http://www.mt-bbs.com/thread-180738-1-1.html
22	图1.22 建筑大师安藤忠雄作品——光之教堂	http://m.ctrip.com/html5/you/travels/osaka293/1726701.html
23	图1.23 建筑大师贝聿铭作品——苏州博物馆	https://www.vcg.com/creative/811932506
24	图1.24 震后重建纸屋	https://www.douban.com/note/340994631/
25	图2.1 高技派代表作——法国巴黎蓬皮杜艺术与文化中心	法国旅游局官网
26	图2.2 光亮派代表作——洛杉矶太平洋设计中心	洛杉矶旅游局官网
27	图2.3 白色派代表作——道格拉斯住宅	Richard Meier & Partners Architects LLP事务所官网
28	图2.4 风格派代表作——施罗德住宅	https://centraalmuseum.nl
29	图2.5 极简主义代表作——范斯沃斯住宅	ins（@pashasagach）
30	图2.6 装饰主义代表作——帝国大厦	ins（@upstatemanhattan）
31	图2.7 后现代主义代表作——波特兰市政大楼	ins（@parnel8）
32	图2.8 解构主义代表作——洛杉矶迪斯尼音乐厅	ins（@studiobrovhn）
33	图2.9 新现代主义代表作——古根汉姆现代艺术博物馆	ins（@ardelax）
34	图2.10 情绪轮盘	www.interaction-design.orgliteraturearticlewhat-is-interaction-design
35	图2.11 普洛特契克情绪轮盘	https://www.6seconds.org
36	图2.12 CIE同色异谱指数	图片来自网络：wikipedia.com
37	图2.13 客厅	http://699pic.com/tupian-100620309.html
38	图2.14 卧室	http://699pic.com/tupian-500432982.html
39	图2.15 阳台	http://699pic.com/tupian-500355029.html

续表

序　号	图　名	图　片　来　源
40	图2.16　卫生间	http://699pic.com/tupian-100611420.html
41	图2.17　厨房	http://699pic.com/tupian-500859047.html
42	图2.18　餐厅	http://699pic.com/tupian-500007509.html
43	图2.19　地板材料	https://image.baidu.com/search
44	图2.20　地砖材料	https://image.baidu.com/search
45	图2.21　榻榻米材料	https://image.baidu.com/search
46	图2.22　地毯材料	https://image.baidu.com/search
47	图2.23　常见石材类型	https://image.baidu.com/search
48	图2.24　常用涂料	https://image.baidu.com/search
49	图2.25　常用壁纸类型	https://image.baidu.com/search
50	图2.26　纺织类材料	https://image.baidu.com/search
51	图2.27　木质装饰板材料	https://image.baidu.com/search
52	图2.28　金属吊顶板材料	https://image.baidu.com/search
53	图2.29　集成吊顶材料	https://image.baidu.com/search
54	图2.30　龙骨材料	https://image.baidu.com/search
55	图2.31　中式大厅效果图	王诗旭绘制
56	图2.32　中式餐厅效果图	王诗旭绘制
57	图2.33　中式大堂效果图	王诗旭绘制
58	图2.34　日式餐厅效果图一	文玉丰绘制
59	图2.35　日式餐厅效果图二	文玉丰绘制

续表

序　号	图　名	图　片　来　源
60	图2.36　日式包间效果图	文玉丰绘制
61	图2.37　东南亚式大堂效果图	胡雯绘制
62	图2.38　休息区效果图	胡雯绘制
63	图2.39　等候区效果图	胡雯绘制
64	图2.40　入口局部效果图	胡雯绘制
65	图2.41　客厅效果图	何冬青--恒大华府绘制
66	图2.42　休闲区效果图	何冬青--恒大华府绘制
67	图2.43　壁炉效果图	何冬青--恒大华府绘制
68	图2.44　餐厅效果图	何冬青--恒大华府绘制
69	图2.45　洗手间效果图	何冬青--恒大华府绘制
70	图2.46　卧室效果图一	张钰绘制
71	图2.47　卧室效果图二	张钰绘制
72	图2.48　过道效果图	张钰绘制
73	图2.49　公共区域效果图	罗振鸿绘制
74	图2.50　休息区效果图	罗振鸿绘制
75	图2.51　过道效果图	罗振鸿绘制
76	图2.52　客厅效果图	陶璺空间设计-温馨质蕴，打造理想的乡村风格生活
77	图2.53　卧室效果图	陶璺空间设计-温馨质蕴，打造理想的乡村风格生活
78	图2.54　餐厅效果图	陶璺空间设计-温馨质蕴，打造理想的乡村风格生活
79	图2.55　华中科技大学指挥中心办公室效果图一	陈甸甸绘制

续表

序　号	图　　名	图　片　来　源
80	图2.56 华中科技大学指挥中心会议室效果图二	陈甸甸绘制
81	图2.57 "见需行变"灵活居住空间设计理念	钟青、文玉丰、梁臻宏绘制
82	图2.58 "见需行变"灵活居住空间设计效果图	钟青、文玉丰、梁臻宏绘制
83	图2.59 东来顺品牌餐饮空间效果图	胡雯绘制
84	图2.60 儿童活动中心设计教学区	陈甸甸绘制
85	图2.61 儿童活动中心设计活动区	陈甸甸绘制
86	图2.62 芦丹氏香水展示空间	陈甸甸绘制
87	图2.63 香奈儿品牌店商业空间	苏佳璐绘制
88	图2.64 Casa de Tortuga 别墅	www.archdaily.cn
89	图2.65 Casa de Tortuga 别墅室内陈设一	www.archdaily.cn
90	图2.66 Casa de Tortuga 别墅室内陈设二	www.archdaily.cn
91	图2.67 哈斯拉姆私宅室内一	http://www.justeasy.cn
92	图2.68 哈斯拉姆私宅室内二	http://www.justeasy.cn
93	图2.69 咖啡馆内部空间	www.archdaily.cn
94	图2.70 纸张分割空间	www.archdaily.cn
95	图2.71 纸的不同的功能	www.archdaily.cn
96	图2.72 MISA工作室内部空间	www.gooood.com
97	图2.73 韩国首尔雪花秀旗舰店内部局部效果一	www.neriandhu.com
98	图2.74 韩国首尔雪花秀旗舰店内部局部效果二	www.neriandhu.com
99	图2.75 "帆·构想"销售中心内部层高处理	www.a963.com

续表

序　号	图　　名	图　片　来　源
100	图2.76　"帆·构想"销售中心内部空间	www.a963.com
101	图2.77　杭州多伦多自助餐厅内部空间一	http://baijiahao.baidu.com
102	图2.78　杭州多伦多自助餐厅内部空间二	http://baijiahao.baidu.com
103	图2.79　popo幼儿园效果图	http://www.sohu.com
104	图2.80　大德餐厅内部空间结构	http://www.sohu.com
105	图2.81　大德餐厅内部走廊	http://www.sohu.com
106	图2.82　UOOYAA品牌办公室内部空间	www.gooood.com
107	图2.83　TIMELESS别墅一楼	www.sohu.com
108	图2.84　TIMELESS别墅二楼	www.sohu.com
109	图2.85　哈尔滨大剧院	www.163.com
110	图2.86　哈尔滨大剧院内部空间设计	http://fashion.163.com
111	图2.87　哈尔滨大剧院玻璃天顶	http://fashion.164.com
112	图2.88　哈尔滨大剧院内的主剧院	http://fashion.165.com
113	图2.89　哈尔滨大剧院内的小剧院	http://fashion.166.com
114	图2.90　模块的不同组合形成多样化的产品	唐慧绘制
115	图2.91　室内轻质隔断	唐慧绘制
116	图2.92　集装箱改建住宅	https://www.gooood.cn/lettuce-house.htm
117	图2.93　深圳集悦城共享空间	http://www.sohu.com/a/157809240_448680
118	图2.94　深圳集悦城厨房	http://www.sohu.com/a/157809240_448681
119	图2.95　智能家居系统	唐慧绘制

续表

序　号	图　　名	图 片 来 源
120	图2.96 "云+端"智能模式	唐慧绘制
121	图2.97 智能家居外观设计	http://news.ea3w.com/
122	图2.98 马斯洛的需求理论	唐慧绘制
123	图2.99 儿童娱乐空间	http://www.sohu.com/
124	图2.100 VR眼镜和传感器	http://www.ifanr.com/600662
125	图2.101 三维家操作界面	https://www.3vjia.com/
126	图2.102 自动立正的扫帚	http://www.sohu.com/
127	图2.103 拐杖放大镜	http://www.sohu.com/
128	图2.104 某商场母婴室	http://huaban.com/pins/
129	图2.105 母婴室标志一	http://huaban.com/pins/
130	图2.106 母婴室标志二	http://huaban.com/pins/
131	图2.107 某室内无障碍卫生间	www.baidu.com
132	图2.108 某医院走廊内的扶手设计	www.baidu.com
133	图2.109 老旧水塔改造的住宅	http://www.sohu.com/
134	图2.110 水塔住宅内部空间	http://www.sohu.com/
135	图2.111 某异形室内平面图	http://www.sohu.com/
136	图2.112 平面优化方案一	http://www.sohu.com/
137	图2.113 平面优化方案二	http://www.sohu.com/
138	图2.114 教堂改造为书店	http://www.sohu.com/
139	图2.115 书店内部空间	http://www.sohu.com/

续表

序　号	图　名	图 片 来 源
140	图2.116 室内垂直绿化	www.baidu.com
141	图2.117 小面积绿化装饰墙	www.baidu.com
142	图2.118 深圳百川国际影城内部空间	www.gooood.cn
143	图2.119 天津滨海图书馆内部空间	www.baidu.com
144	图3.1 创意思维图	https://www.pinterest.com/
145	图3.2 手绘概念草图	https://www.pinterest.com/
146	图3.3 变形图	https://www.pinterest.com/
147	图3.4 意向板	https://www.pinterest.com
148	图3.5 社会分层理论进程思维导图	肖璐瑶绘制
149	图3.6 效果图一	米东阳绘制
150	图3.7 效果图二	米东阳绘制
151	图3.8 效果图赏析	李泳霖绘制
152	图3.9 圆形构图	https://www.mir.no/work/
153	图3.10 三角形构图	https://www.mir.no/work/
154	图3.11 拼贴效果图	https://www.pinterest.com/
155	图3.12 清新冷淡型效果图	http://www.architbang.com/
156	图3.13 色彩轻快型效果图一	https://www.pinterest.com/
157	图3.14 色彩轻快型效果图二	https://www.archdaily.com/
158	图3.15 浓郁表现型效果图一	https://jobs.ronenbekerman.com/
159	图3.16 浓郁表现型效果图二	http://www.cgarchitect.com/

续表

序 号	图 名	图 片 来 源
160	图3.17 浓郁表现型效果图三	王妍绘制
161	图3.18 立面分析图	https://www.pinterest.com/
162	图3.19 材料分析图	https://www.pinterest.com/
163	图3.20 照明分析图	https://www.pinterest.com/
164	图3.21 绝对的简练分析图	BIG官网
165	图3.22 绝对的整齐分析图	BIG官网
166	图3.23 思路的绝对严谨分析图	BIG官网
167	图3.24 绝对的透气分析图	BIG官网
168	图3.25 绝对的突出重点分析图	BIG官网
169	图3.26 绝对的干净分析图	BIG官网
170	图3.28 轴侧类分析图	https://www.pinterest.com/search/pins/
171	图3.29 图表类分析图	https://www.pinterest.com/search/pins/
172	图3.30 流程类分析图	https://www.pinterest.com/search/pins/
173	图3.31 组合型分析图一	http://conceptdiagram.tumblr.com/
174	图3.32 组合型分析图二	https://www.pinterest.com/search/pins/
175	图3.33 混合类分析图	https://www.pinterest.com/search/pins/
176	图3.34 统一字体	窦逗绘制
177	图3.35 文本对齐	窦逗绘制
178	图3.36 图文比例	钟青、文玉丰、梁臻宏新人杯作品及窦逗绘制
179	图3.37 图片比例	钟青、文玉丰、梁臻宏新人杯作品及窦逗绘制

序　号	图　名	图　片　来　源
180	图3.38 图片数量	http://stokpic.com及窦逗绘制
181	图3.39 构图重心	http://stokpic.com及窦逗绘制
182	图3.40 构图骨骼	百度下载及窦逗绘制
183	图3.41 栅格系统	https://unsplash.com及窦逗绘制
184	图3.42 信息分组	文玉丰绘制
185	图3.43 平衡稳定对比图	http://fancycrave.com及窦逗绘制
186	图3.44 留白	张大千荷花图及窦逗绘制
187	图3.45 对比反差	文玉丰绘制
188	图3.46 黄金比例	http://stokpic.com及文玉丰绘制
189	图3.47 视线引导	http://stokpic.com及窦逗绘制
190	图3.48 底图	钟青、文玉丰、梁臻宏新人杯作品及文玉丰绘制
191	图4.1～图4.11	徐凌飞、冯琴、王怀东、彭琳、吴瑾共同绘制
192	图4.12～图4.24	冯琴、姚孟、郑佳宁、宋曼琪、胡家康共同绘制
193	图4.25～图4.33	朱媛卉、金晓、刘道亮、胡萌共同绘制
194	图4.34～图4.49	毕阳、李圆庆、彭琳、刘蕊共同绘制
195	图4.50～图4.61	刘兮兮、李梦怡共同绘制
196	图4.62～图4.72	毕阳、米东阳、管雅馨、张钰共同绘制
197	图4.73～图4.87	陈艺璇、钟青、文玉丰、李路璐、何星瑶共同绘制
198	图4.88～图4.94	杨宇峰、徐静、刘啸、吴梦辰、王妍共同绘制
199	图4.95～图4.103	钟青、文玉丰、梁臻宏共同绘制

续表

序　号	图　名	图　片　来　源
200	图4.104～图4.118	郝心田、胡栋、杨博浪、黄敬知共同绘制
201	图4.119～图4.128	徐静、胡雯、苏佳璐共同绘制

表 格 来 源

序　号	表　名	图　片　来　源
1	表2.1 城市环境噪声标准	杨锦忆、王清颖自绘；参考资料：《中华人民共和国环境噪声污染防治法》
2	表2.2 马桶尺寸设计	杨锦忆、王清颖绘制
3	表2.3 盥洗池尺寸设计	杨锦忆、王清颖绘制
4	表2.4 淋浴房尺寸设计	杨锦忆、王清颖绘制
5	表2.5 浴缸尺寸设计	杨锦忆、王清颖绘制
6	表2.6 地毯等级分类	张钰绘制
7	表2.7 室内立面石材分类	张钰绘制
8	表2.8 壁纸规格	张钰绘制

图书在版编目(CIP)数据

风暴：创新思维与设计竞赛表达. 二 / 白舸主编. -- 武汉：华中科技大学出版社, 2018.9
（2021.7重印）

全国高等院校创新实践课程"十三五"规划精品教材

ISBN 978-7-5680-4591-9

Ⅰ.①风… Ⅱ.①白… Ⅲ.①工业设计－高等学校－教学参考资料 Ⅳ.①TB47

中国版本图书馆CIP数据核字(2018)第221854号

风暴——创新思维与设计竞赛表达（二）　　　　　　　　　　　　　　　　　白　舸　主编

FENGBAO:CHUANGXIN SIWEI YU SHEJI JINGSAI BIAODA (ER)

出版发行：华中科技大学出版社（中国·武汉）　　　　　　电话：（027）81321913

地　　址：武汉市东湖新技术开发区华工科技园　　　　　　邮编：430223

出 版 人：阮海洪

责任编辑：周怡露　　　　　　　　　　　　　　　　　　　责任监印：朱　玢

责任校对：王　婷

印　　刷：湖北金港彩印有限公司

开　　本：850 mm × 1065 mm　1/16

印　　张：15.25

字　　数：344千字

版　　次：2021年7月第1版第2次印刷

定　　价：98.00元

华中出版

投稿邮箱：yicp@hustp.com

本书若有印装质量问题，请向出版社营销中心调换

全国免费服务热线：400-6679-118 竭诚为您服务